ISBN: 9781090662958

Manual de
Chapa y Pintura
Fundamentos, técnicas, ejercicios y prácticas

Ing. Miguel D'Addario

Primera edición

Comunidad europea

2019

Índice

Introducción

Se puede concebir la carrocería como una caja especial destinada para transportar personas o mercancías, durante la circulación del automóvil. La función principal de la carrocería es alojar y proteger a los pasajeros del vehículo. A través de los años ha sufrido importantes transformaciones; a finales del siglo pasado y principios del actual, los automóviles se construyeron sobre carrozas de caballos de la época; después se ideó un chasis rígido sobre el que se montaban los elementos mecánicos y una carrocería diseñada para este fin. Todo ello formaba un conjunto más o menos armonioso y seguro. Con el paso del tiempo se han ido introduciendo transformaciones constantemente con objeto de:

-Obtener más confort y velocidad con menos potencia y consumo; por esta razón se ha desarrollado la aerodinámica de los vehículos en busca de mejores coeficientes de penetración.

-Conseguir un habitáculo más seguro para los pasajeros, lo que llevó al diseño y construcción de carrocerías autoportantes, estas carrocerías absorben mejor el impacto de una colisión mediante la deformación progresiva y controlada de las partes delantera y trasera del vehículo, sin que afecte al compartimento destinado a los pasajeros.

Cuando un fabricante de automóviles se plantea el lanzamiento de un nuevo vehículo al mercado, bien sea como sustituto de un modelo ya existente dentro de un proceso de lógica evolución, o bien como un producto completamente novedoso en lo referente a su línea de actuación, parte de una serie de premisas básicas.

Lo primero que se tendrá en cuenta es en qué gama va a estar encuadrado el nuevo modelo, pues ello influirá directamente en la definición de las dimensiones exteriores, ergonomía y habitabilidad interna, niveles de fiabilidad y calidad finales; teniendo presente a sus competidores más directos dentro de dicha gama.

Asimismo, se analizarán los gustos del público al que va destinado y de los mercados en los que se tiene prevista su comercialización, compatibilizando todo ello con la reglamentación internacional existente.

Tipos de carrocerías y bastidores

Los tipos de carrocerías y bastidores existentes se pueden clasificar en cuatro grupos:

Chasis con carrocería separada

El chasis soporta los órganos mecánicos y puede rodar sin carrocería. La carrocería constituye un conjunto independiente con su propio piso, sus accesorios y su instalación eléctrica, está atornilla al chasis y se puede separar de éste para su reparación.

Emplean este tipo de carrocería los siguientes vehículos

a) Vehículo todo terreno.

b) Vehículos industriales medianos (furgonetas).

c) Vehículos industriales pesados (camiones).

d) Autocares y autobuses.

e) Vehículos especiales: grúas, etc.

Plataforma con carrocería separada

La plataforma es un chasis aligerado formado por la unión de varios elementos soldados entre sí, puede circular sin la carrocería, pues soporta los órganos mecánicos y el piso del vehículo.

La carrocería es independiente unida generalmente a la plataforma por medio de tornillos, se puede separar de ésta para su reparación.

Emplean este tipo de carrocería los siguientes vehículos

a) Vehículos semi industriales (Citroën Mehari, Renault F-6, etc.).

b) Vehículos de turismos (Renault 4 y 6, Citroën 2 CV, etc.).

Carrocería monocasco

Este sistema es bastante antiguo (digamos desde la fabricación de los primeros vehículos) pero todavía se usa en la construcción de camiones, autocares, todo terrenos y coches con carrocerías de fibra o similares. Este sistema consta de un chasis rígido en el cual va incorporadas todas las piezas mecánicas como el motor, suspensión, dirección, transmisión, etc. Lógicamente el chasis también soporta encima la estructura de la carrocería (normalmente el habitáculo y caja).

Cuando el bastidor ha recibido todos los órganos mecánicos forma un conjunto denominado chasis. Generalmente, la carrocería va atornillada al bastidor a través de unas juntas de caucho, quedando perfectamente fijada.

Este sistema presenta una gran versatilidad, permitiendo conseguir:

– Tanta robustez como se desee.

– Soportar grandes esfuerzos estáticos y dinámico.

La forma un chasis aligerado con su propio piso, las partes constitutivas de la carrocería participan en la resistencia del conjunto, al ser un solo componente unido entre sí por medio de soldaduras. Su reparación es complicada pues se puede optar por desarrollar y planificar, o cortar la chapa y unir el nuevo elemento por medio de soldadura. Actualmente en desuso. Los únicos elementos desmontables son: los capós, las puertas y los parachoques. Emplean este tipo de carrocería determinados vehículos como Fiat 126, etc.

Tipo de vehículo automóvil con chasis independiente
Este sistema es bastante antiguo (digamos desde la fabricación de los primeros vehículos) pero todavía se usa en la construcción de camiones, autocares, todo

terrenos y coches con carrocerías de fibra o similares. Este sistema consta de un chasis rígido en el cual va incorporadas todas las piezas mecánicas como el motor, suspensión, dirección, transmisión, etc. Lógicamente el chasis también soporta encima la estructura de la carrocería (normalmente el habitáculo y caja). Cuando el bastidor ha recibido todos los órganos mecánicos forma un conjunto denominado chasis. Generalmente, la carrocería va atornillada al bastidor a través de unas juntas de caucho, quedando perfectamente fijada. Este sistema presenta una gran versatilidad, permitiendo conseguir:

- Tanta robustez como se desee.
- Soportar grandes esfuerzos estáticos y dinámico.

Estos chasis (bastidores) separados de la carrocería suelen ser más resistentes que el conjunto de una carrocería autoportante, por lo cual aún se emplean para vehículos de carga.

Estos bastidores normalmente están fabricados por travesaños de acero longitudinales y transversales, formando una estructura muy sólida y resistente.

Carrocerías de chasis autoportante (Monocasco)
El sistema de carrocería monocasco es el más usado actualmente en la fabricación de automóviles por los motivos de reducción de peso, flexibilidad y coste.

Carrocería Autoportante = Carrocería que se soporta ella misma.

Carrocería de chasis autoportante

Casi todas las piezas de acero de las carrocerías monocasco están unidas por medio de puntos de soldadura, aunque hay infinidad de modelos que gran parte de esas piezas van unidas por medio de tornillería para una sustitución menos problemática y rápida.

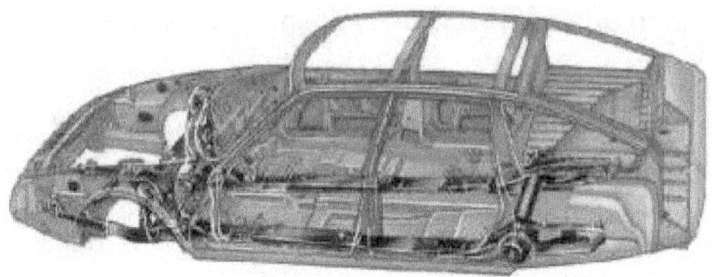

Este tipo de carrocerías es sometido a muchas pruebas y estudios antes de su comercialización debido a que todas las piezas que la conforman colaboran entre sí para una buena rigidez y a su vez dar flexibilidad

Carrocería autoportante

Un conjunto de piezas forma la carrocería completa, estas piezas están unidas entre sí por medio de soldadura por resistencia (puntos) siendo relativamente fácil su sustitución.

Son elementos externos

- Las aletas delanteras.

- Las aletas traseras.

- Los capós.

- Los paragolpes.

Emplean este tipo de carrocería la casi totalidad de los turismos actuales.

Elementos que componen una carrocería
Chasis o bastidor

Es un conjunto de perfiles unidos muy rígidamente en forma de cuadro, de manera que el conjunto es indeformable. El chasis de un vehículo automóvil se destina al montaje de una carrocería con elementos desmontables. Se compone de dos largueros, travesaños y diagonales.

Cuadro de piso (o plataforma soldada)

Parte inferior de la caja de una carrocería autoportante. Se compone de un chasis aligerado (en perfiles de menor espesor que si se trata de un chasis), y de la chapa inferior de la caja.

Sus principales partes constitutivas son:
Los largueros

Piezas longitudinales en forma de viga tubular, de sección generalmente rectangular, situadas a un lado y otro de la chapa que forma el piso. Se pueden prolongar, con forma apropiada, hasta los soportes de los parachoques.

Las varas

Son pequeños largueros que no están colocados en la prolongación de un larguero principal. Los largueros principales son entonces más cortos. Las varas van soldadas a los travesaños que unen las extremidades de los largueros principales y están menos separadas que estos últimos.

Los travesaños

Piezas transversales, en forma de viguetas huecas, situadas a intervalos determinados. Cada una de sus extremidades está unida mediante soldadura a uno de los largueros, perpendicularmente al lado interior de aquéllos.

El piso

Conjunto de chapas, generalmente con nervios, que están unidas mediante soldadura a los largueros y travesaños, formando una o más superficies que constituyen el fondo de la caja.

La plataforma de bajos

Se designa así el cuadro de piso completo con todos los elementos fijos, aparte de los que componen el habitáculo, siendo los principales: el tablero, la traviesa superior del tablero, los laterales del capó, sus armaduras y forros.

El tablero delantero

Tabique inferior transversal, situado delante del habitáculo, y que lo supera del comportamiento que le precede.

El travesaño superior del tablero

Chapa casi horizontal que une la parte superior del tablero a la inferior del parabrisas.

Los laterales del capó

Chapas casi verticales, que pueden tener partes horizontales, y que forman los tabiques laterales del compartimento que preceden al habitáculo, ya sea el del motor o el del portaequipaje.

El paso de ruedas (o forro de las aletas)

Es una chapa que forma un tabique lateral del compartimento que sigue al habitáculo, formando guardabarros, y que cubre parcialmente y con mucho huelgo, las ruedas traseras (pasos traseros de ruedas). O chapa que forma un guardabarros, a cierta distancia de la periferia de la mitad superior de las ruedas delanteras (pasos delanteros de rueda), situada tras las aletas delanteras en algunos modelos de vehículos.

El panel trasero

Elemento exterior vertical fijo que forma un tabique detrás del compartimento que sigue al habitáculo, ya sea el compartimento motor o el del portaequipaje.

La calandria

Elemento exterior vertical fijo que forma un tabique delante del compartimento que precede al habitáculo, ya sea el compartimento motor o el del portaequipaje; el tabique puede estar perforado o no.

La parrilla de la calandria

Elementos exteriores desmontables perforados, generalmente de metal inoxidable o plástico, que se montan en el tabique exterior transversal del compartimento de motor.

El pilar central

Montante del lateral de la caja situado entre las puertas delantera y trasera, que soporta las bisagras de la puerta trasera.

Jamba o pilar delantero

Montante situado en la parte delantera del lateral de la caja, que soporta las bisagras de la puerta delantera y que se prolonga por el montante lateral del parabrisas.

Estribo

Elemento inferior del lateral de la caja sobre el que se sueldan los tres pilares.

Lateral de la caja

Conjunto de los elementos laterales fijos, que forman un cuadro y constituyen los marcos de las puertas.

Panel lateral posterior

Elemento exterior situado tras el acristalamiento de las puertas. Si el coche es del tipo «limusina» el panel lleva un cristal.

Techo o capota

Elemento exterior que forma parte de la carrocería, que apoya sobre la parte superior de los laterales de la caja y que se extiende desde la parte superior del parabrisas a la parte superior de la luna trasera.

Marco del parabrisas

Cuadro que forma la unión entre la traviesa superior del tablero delantero y el techo y que recibe el parabrisas.

Parabrisas

Cristal transversal delantero del habitáculo. Su finalidad es proteger al conductor y a los pasajeros del viento y la intemperie, al tiempo que le permite ver la carretera.

Luna trasera

Cristal transversal trasero del habitáculo que permite ver a su través lo que está detrás del vehículo.

Aletas

Elementos exteriores que forman un carenado alrededor de las ruedas. Toman el nombre de la rueda que carenan, por ejemplo: aleta delantera izquierda para la rueda correspondiente.

Puerta

Elemento exterior. Tiene el mismo sentido que en edificación. Permite abrir o cerrar el hueco correspondiente del lateral de la caja para dar acceso o salida al habitáculo. Es necesario precisar su posición en el vehículo: puerta delantera izquierda, trasera izquierda, delantera derecha, trasera derecha (para una berlina).

Capó

Elemento exterior. Compuerta con bisagras en uno de sus lados, que permite abrir y cerrar el compartimento del motor o de equipajes. Si está colocado delante se le llama «capó delantero» y si detrás, «capó trasero». El capó del compartimento de equipajes, sobre todo si es trasero, se puede denominar también «tapa del maletero».

Puerta trasera

Elemento exterior. Puerta situada en la parte trasera de las carrocerías tipo «break», con bisagras en uno de los lados horizontales, lo que permite abrirla arriba (elevable) o hacia abajo (abatible).

Parachoques

Elemento exterior. Travesaños colocados delante o detrás del vehículo y destinados, en principio, a amortiguar los choques.

capó trasero

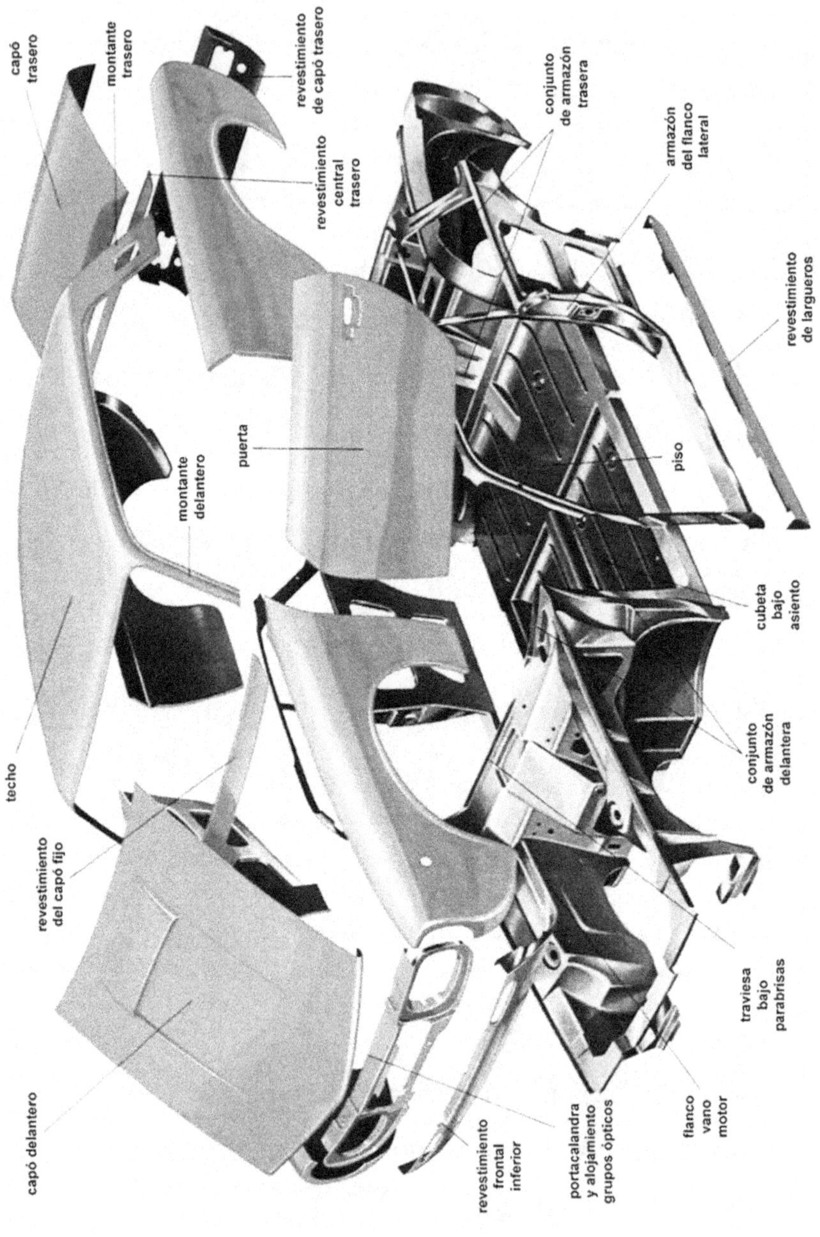

montante trasero

revestimiento de capó trasero

revestimiento central trasero

conjunto de armazón trasera

armazón del flanco lateral

revestimiento de largueros

puerta

montante delantero

piso

cubeta bajo asiento

techo

conjunto de armazón delantera

revestimiento del capó fijo

traviesa bajo parabrisas

capó delantero

revestimiento frontal inferior

portacalandra y alojamiento grupos ópticos

flanco vano motor

Diseño y construcción de las carrocerías

En el diseño de una carrocería, además de la estética y funcionalidad, se tienen en cuenta otros factores de gran importancia, como necesidades estructurales, ligereza, aerodinámica y seguridad, encaminados a mejorar las prestaciones, economizar energía y proteger a los ocupantes. Por ello, desde que el vehículo es un simple boceto en un papel hasta que se han ultimado todos los detalles para dar comienzo a la fabricación en serie, se ha pasado por una serie de pruebas, ensayos y experimentaciones que contribuyen a la consecución del fin buscado.

Generalidades sobre el diseño de la carrocería
Actualmente, para el diseño de una carrocería se emplean medios altamente sofisticados, los que se conocen como "concepción asistida por ordenador" (CAO) y "concepción y fabricación asistida por ordenador" (CFAO). Para ello, los proyectistas hacen uso de potentes ordenadores, rápidos y de gran capacidad de cálculo, por medio de los cuales se evitan largas horas de trabajo y tediosas operaciones matemáticas. La imagen de síntesis permitirá la representación tridimensional en la pantalla de

cualquier elemento o estructura, mediante una red de puntos o "mallado".

Son cada día mayores las posibilidades que la informática presta a estos trabajos, gracias a ellas, el diseñador puede ver el funcionamiento de cada pieza, integrarla en el sistema al cual va a pertenecer y analizarlo de forma conjunta. Ofrece además la gran ventaja de que, por medio de dicho entramado, se puede visualizar el desplazamiento elástico de la materia cuando ésta es sometida a una hipótesis de carga.

Ello permitirá predecir el comportamiento de la carrocería ante una colisión y por tanto su optimización, haciéndola más ligera, más segura y reduciendo el período de puesta a punto.

Cuando desgraciadamente se produzca el siniestro, todos sus componentes deben comportarse como se previó en el diseño, de forma que eviten o reduzcan los daños a los ocupantes, aun a costa de deformarse en mayor medida.

Dimensiones principales

En la fig. siguiente se representan las medidas interiores y exteriores típicas de vehículos pequeños y clase superior.

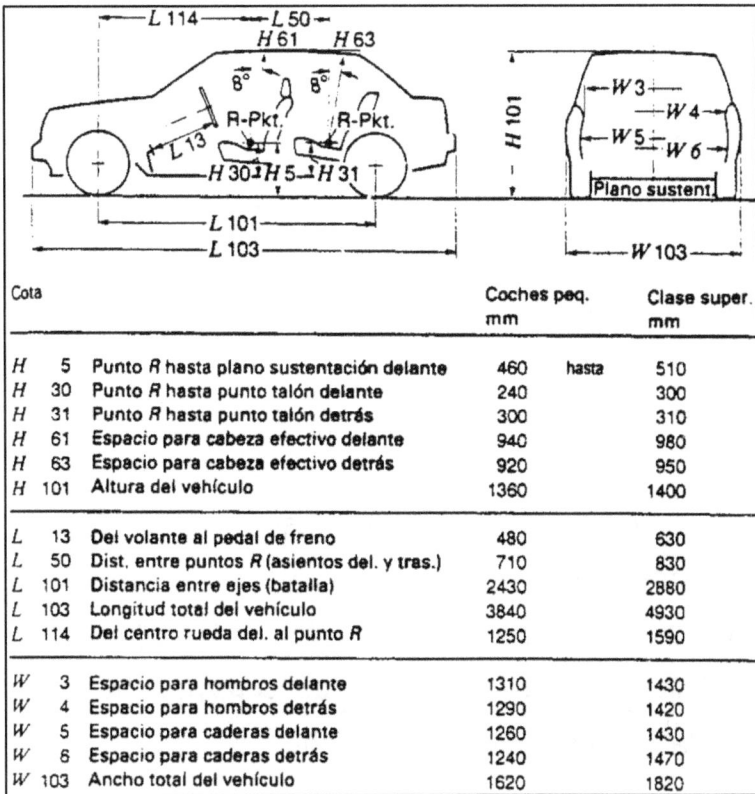

Cota		Coches peq. mm		Clase super. mm
H 5	Punto R hasta plano sustentación delante	460	hasta	510
H 30	Punto R hasta punto talón delante	240		300
H 31	Punto R hasta punto talón detrás	300		310
H 61	Espacio para cabeza efectivo delante	940		980
H 63	Espacio para cabeza efectivo detrás	920		950
H 101	Altura del vehículo	1360		1400
L 13	Del volante al pedal de freno	480		630
L 50	Dist. entre puntos R (asientos del. y tras.)	710		830
L 101	Distancia entre ejes (batalla)	2430		2880
L 103	Longitud total del vehículo	3840		4930
L 114	Del centro rueda del. al punto R	1250		1590
W 3	Espacio para hombros delante	1310		1430
W 4	Espacio para hombros detrás	1290		1420
W 5	Espacio para caderas delante	1260		1430
W 6	Espacio para caderas detrás	1240		1470
W 103	Ancho total del vehículo	1620		1820

-Medidas del espacio interior.

La concepción dimensional depende del tipo de carrocería, tipo de tracción, periferia del conjunto, tamaño deseado del habitáculo, volumen del portaequipajes y condiciones marginales tales como comodidad, seguridad y servicio.

Las posiciones de los asientos se determinan según los conocimientos ergonómicos y con ayuda de plantillas.

-Medidas exteriores. Hay que tener en cuenta

La concepción del asiento y del portaequipaje.

El motor, el cambio y el radiador.

Los conjuntos auxiliares y los montajes especiales.

Las necesidades de espacio de las ruedas amortiguadas o viradas del todo (suplemento para cadenas para la nieve).

El tipo y tamaño del eje de tracción.

La posición y volumen del depósito de combustible.

Los parachoques delantero y trasero.

Las consideraciones aerodinámicas.

La altura libre sobre el suelo (aprox. 100 a 180 mm).

La influencia de la anchura de construcción en la instalación de los limpiaparabrisas.

Medidas del portaequipaje. El tamaño y la forma depende de la construcción de la parte trasera del vehículo, de la posición del depósito de combustible, del emplazamiento de la rueda de recambio y del alojamiento del silencioso principal.

Especificaciones en la construcción de la carrocería
Rigidez

Debe ser la máxima posible con respecto a la flexión y la torsión, para mantener pequeñas las deformaciones elásticas en las aberturas de las puertas y los capós. Deben ser tenidas en cuenta las influencias de la rigidez de la carrocería en las características vibratorias.

Características vibratorias

Las vibraciones de la carrocería, así como las particulares de algunos componentes a consecuencia de los impulsos de las ruedas, en suspensión, el motor o el tren de tracción, pueden perjudicar notablemente la comodidad del viaje, sobre todo si se produce resonancia. La frecuencia propia de la carrocería y de sus componentes susceptibles de vibración deben adecuarse mediante acanaladuras, variaciones del espesor de pared y de las secciones transversales, de modo que las resonancias y sus consecuencias se reduzcan al mínimo.

Resistencia en servicio

Los esfuerzos alternativos a que está sometida la carrocería con el vehículo en marcha pueden llegar a provocar grietas en el bastidor o el fallo de puntos de soldadura. Las zonas especialmente amenazadas son los puntos de apoyo del tren de rodaje, la dirección y el conjunto de tracción.

Esfuerzos en los accidentes

En los choques la carrocería debe estar en condiciones de convertir la máxima cantidad de energía cinética en trabajo de deformación, sin que el habitáculo se deforme mucho

Facilidad de reparación

Las zonas más expuestas en los pequeños golpes tienen que poderse reparar o cambiar fácilmente (accesibilidad a las chapas exteriores desde dentro, accesibilidad a los tornillos, posición favorable de los puntos de unión, bordes marcados para los parches de pintura).

Condiciones de visibilidad y aerodinámica

En cuanto a la visibilidad hay que buscar la combinación entre las condiciones óptimas de visibilidad y la colocación funcional de los componentes que actúan contra ella: capós, techo, espejo retrovisor, etc.

En cuanto a la aerodinámica los factores a considerar son:

Coeficiente de resistencia al aire C y superficie de la sección del vehículo.

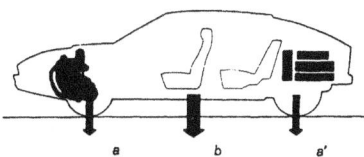

Flexión por carga total: a y a' carga por eje, b carga total.

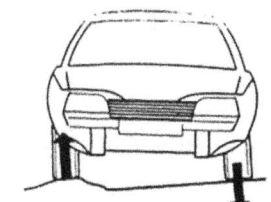

Flexión provocada por fuerzas de torsión

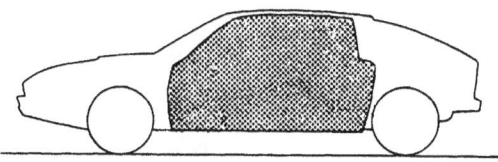

Habitáculo de un vehículo: zona de mínima o nula deformación

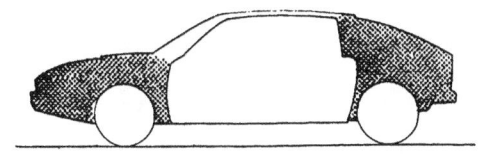

Zonas previstas para máxima deformación

Material, espesor y forma

La resistencia y capacidad de absorción de energía de una carrocería están relacionadas directamente con las piezas que la componen, y el comportamiento de estas últimas depende de tres factores fundamentales: el material de que estén fabricadas, el espesor y la forma. Cada material tiene unas propiedades físicas y mecánicas determinadas, que le harán más o menos idóneo para una función concreta, dependiendo fundamentalmente del tipo de solicitaciones a que se encuentre sometido. Un factor para tener en cuenta también, desde el punto de vista de la seguridad, es la ligereza de este, pues cuanto menor sea la masa de la carrocería, menor será la energía que disipar para una velocidad dada. Generalmente las carrocerías están fabricadas en chapa de acero; pero determinados modelos incorporan aluminio, hasta el punto de existir carrocerías fabricadas íntegramente con este material, que aportará, entre otras propiedades, su ligereza y capacidad de deformación.

La carga que aguantará una pieza y la energía que habrá que aplicarle para producirle una determinada formación dependerán directamente de su sección útil y, por lo tanto, de su espesor.

Por esta razón, no todas las piezas que forman una carrocería tienen el mismo espesor, sino que existe una clara diferencia entre aquellos elementos estructuras que van a soportar los mayores esfuerzos, como largueros, traviesas, pilares, y otro tipo de piezas, como capós, puertas, aletas, etc. Las primeras suelen tener espesores del orden de 1,2; 2,0 mm, mientras que las segundas de 0,7; 0,8 mm.

Para un material y una sección útil concretos, la resistencia dependerá también de la forma de la pieza. Su forma, y sobre todo la geometría que presenta su sección, marcará su capacidad para soportar carga dependiendo del tipo de solicitación a que se encuentre sometida.

Bastidores

En cuanto a los bastidores la realización práctica consiste en la adopción de un conjunto vertebral resistente (de muy variada factura) que sea capaz de soportar por sí mismo cuantas fuerzas y solicitaciones le sean aplicadas y que al mismo tiempo pueda recibir todos los elementos mecánicos del vehículo y posteriormente los elementos del carrozado, sean la propia carrocería como tal o los conjuntos del carrozado como cajas de carga, bastidores de base, etc. El bastidor está normalmente formado por dos largueros de chapa o perfil laminado, unidos entre sí por travesaños remachados o soldados, que forman el esqueleto resistente del vehículo. Estos largueros están constituidos por perfiles en forma de U, o bien en forma de caja cerrada, que provienen de chapa que ha sido embutida y luego soldada. Los travesaños están constituidos de la misma forma y material que los largueros y unidos por remaches o soldadura.

Proceso de fabricación. Ensamblaje

Ponemos como ejemplo el proceso de fabricación de una carrocería autoportante. El montaje o ensamblaje de los subconjuntos es la unión de un número determinado de piezas, de acuerdo con un anterior esquema de trabajo, para formar una unidad superior. Estos montajes pueden ser automáticos o semiautomáticos, referidos tanto al proceso de alimentación de los diversos componentes destinados a la bancada de referencia y ajuste, como al sistema empleado para su unión. En la actualidad es de uso cada vez más generalizado la adopción de robots para la soldadura. Un sistema de control automático facilita la posición de la pinza para cada punto que debe ser soldado. Se sustituye pues el sistema de soldadores para múltiples situaciones y se adopta el sistema unitario, que permite variar los programas según el tipo de vehículo, con idéntica maquinaria, mediante control por ordenador. El ensamblaje final de la carrocería presupone unir en una última fase todos los subconjuntos, no desmontables, obtenidos con anterioridad.

A continuación, se le añaden los elementos desmontables como serán puertas, capós, guardabarros, etc., y se procede a una revisión global para descubrir desperfectos o fallos ocasionados durante el proceso de ensamblado, que consistirán principalmente en eliminar rayas o limaduras, o en rellenar pequeñas zonas con estaño, elemento no aconsejable, sin embargo, debido a la facilidad que presenta para derretirse durante el proceso de pintado al obtenerse altas temperaturas, antes de proceder a su envío a la fase de pintado.

Métodos de ensamblaje y unión

Se entiende por ensamblado la unión de las distintas piezas que forman una carrocería. En este aspecto, se distinguen tres tipos:

-Por soldadura.

-Por atornillado.

-Otros procedimientos.

Ensamblado por soldadura

Para conseguir un sólido ensamblaje de las chapas de que consta la carrocería la soldadura es el sistema más utilizado y de entre todos los sistemas de soldadura el llamado soldadura eléctrica por puntos que es una variante de la soldadura por resistencia.

El procedimiento que se sigue en este tipo de soldadura por puntos es el siguiente: en primer lugar, hay que destacar que este tipo de soldadura solamente es indicado para llevarlo a cabo en planchas superpuestas y que sean de un espesor como mínimo de 0,30 mm y como máximo de unos 3 mm; es decir, un sistema muy adecuado para su utilización en el tipo de trabajo que reúne las características de una carrocería.

Las dos planchas se colocan superpuestas y se aprisionan entre dos electrodos (que pueden estar refrigerados, o no, según la potencia que se tenga que desarrollar) en el mismo punto en el que se quiera hacer la soldadura.

Los dos electrodos ejercen presión entre las dos planchas como si se tratara de las puntas de una mordaza y en este momento se hace pasar un impulso de corriente a través de los electrodos, la cual, al atravesar las planchas, desarrolla una temperatura tan elevada que se produce la fusión de la plancha justo en el punto en que se apoyan los electrodos.

Ensamblado por atornillado

Las piezas que no tienen un compromiso de rigidez manifiesta o que habitualmente pueden ser desmontadas se suelen montar a veces por medio de un atornillado con la otra plancha con la que se ajusta. También las puertas, al ser órganos móviles de la carrocería, se han de montar sobre bisagras, las cuales van atornilladas a los pilares; y del mismo modo podemos hablar de las puertas del maletero y del capó.

Así pues, también hay que considerar que existan piezas atornilladas sobre todo cuando éstas no ejercen una labor de resistencia en la carrocería.

Otro tipo de uniones del grupo a que nos estamos refiriendo se lleva a cabo con tornillos de paso estrecho pero provistos de grapas de sujeción.

Las grapas pueden ser sencillas o dobles

Dentro del terreno de las grapas de sujeción existe una gran variedad de estas sobre todo para sujetar piezas de tapicería y embellecedores, muchos de los cuales han de desmontarse algunas veces para tener acceso a algunos mecanismos interiores.

Otros métodos

Remaches

Nos referimos al uso de remaches que se utiliza mucho en la fabricación de grandes carrocerías para autobuses y autocares, y también tiene su aplicación de diversas partes de la carrocería de los automóviles.

Uniones engatilladas o plegadas

Permite unir los bordes de dos piezas de chapa doblándolos sobre si mismos una o dos veces.

Se aplica generalmente, en chapas delgadas de un espesor 0,5 , 0,9 mm.

Uniones pegadas

Actualmente, es grande la aplicación de adhesivos en la carrocería del automóvil, utilizándose con asiduidad en juntas de goma para proporcionar hermeticidad, guarnecidos de techos y puertas, paneles de revestimiento insonorizante, paneles exteriores, etc.

Entre las propiedades principales con que cuenta este tipo de unión se encuentran la afinidad para unir elementos heterogéneos, no altera ni deforma las chapas como hace la soldadura, ni las debilita como el remachado.

Garantiza, además la hermeticidad de las juntas y reparte uniformemente los esfuerzos.

Uniones por soldadura

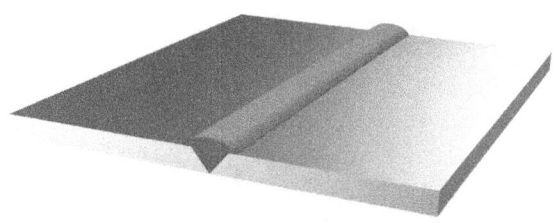

Unión por soldadura a tope

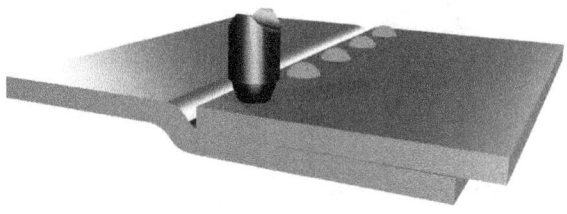

Soldadura por puntos

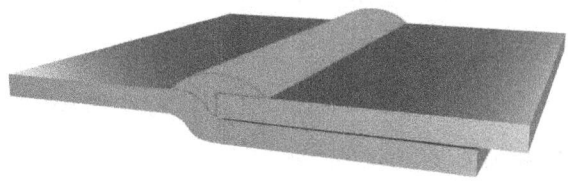

Soldadura con costura continua

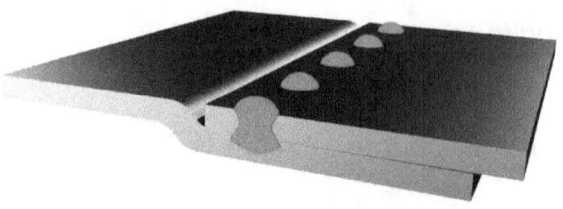

Soldadura con costura de tapón

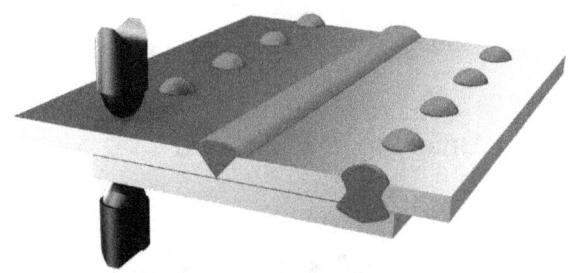

Con refuerzo adicional

En la carrocería se aloja y protege a los pasajeros del vehículo, se montan los elementos y sistemas del vehículo.

En los vehículos industriales sirve además para transportar las mercancías.

A lo largo de los años se ha transformado y evolucionado bastante.

Existen cuatro tipos de carrocería, en la actualidad se usan: chasis con carrocería separada y autoportante.

Cada tipo está destinado a unos vehículos concretos.

Entre los elementos que componen la carrocería se destacan: bastidor, piso, travesaños, tablero, pase de ruedas, pilar, techo, puertas, aletas, capó, etc.

Cuando se diseña y construye una carrocería se tienen en cuenta unas exigencias que van encaminadas a mejorar las prestaciones, economizar energía y proteger a los ocupantes.

En el proceso de fabricación de una carrocería se montan primero los subconjuntos (parte del piso, por ejemplo) por separado y luego se van ensamblando los subconjuntos: piso completo, laterales, traviesa.

Entre los distintos métodos de ensamblaje y unión de los elementos se distinguen: la soldadura por puntos, atornillado, remachado, uniones engatilladas, uniones pegadas, etc.

Materiales utilizados

Los grupos materiales más empleados en la fabricación de la carrocería son los elementos metálicos y materiales sintéticos. A su vez podemos distinguir los metales férreos y los no férreos, y entre los sintéticos termoplásticos y termoestables.

Para mejorar las propiedades de ciertos metales puros se fabrican aleaciones que son mezclas de dos o más metales.

Los metales férreos contienen como elemento principal el hierro y carbono en proporciones variables. Según este porcentaje se distinguen: hierro, acero y fundiciones.

Los metales no férreos no llevan hierro en su composición. Los principales son: aluminio, magnesio, cobre, plomo, estaño, cinc, níquel, titanio, etc.

Las principales aleaciones no férreas son:

-Aluminio (ligeras)

-Magnesio (ultraligeras)

Aleaciones de metales pesados (cobre, plomo, cinc, etc.)

Aceros empleados en la fabricación de carrocerías del automóvil.

Actualmente los espesores más habituales de material casi alcanzan 0,5 mm, pero sin llegar a ello. El espesor máximo puede alcanzar los 2mm pudiendo algunas piezas sobrepasar ligeramente este espesor.

Los espesores menores se utilizan en los elementos que no tienen demasiada importancia estructural y que se utilizan en la parte exterior del vehículo.

En una clasificación de tipo general de las chapas de acero se distinguen dos tipos: las comerciales y las finas.

Las primeras son de una calidad de acabado no definida, por el contrario, la chapa fina posee características de aptitud para la embutición, soldadura y acabado.

Esta primera división de tipos de aceros podría aplicarse a aceros laminados en frio, cuyas calidades comerciales tienen un tratamiento sencillo para emplear doblador y embuticiones poco exigentes.

La división que se pude hacer atendiendo a los grandes grupos de tipos de producto son:

- Laminados en caliente.
- Laminados en frio.
- Recubiertos después de la laminación en frio.

El sector siderúrgico desarrolla nuevos tipos de recubrimientos

- Galvanizado por inmersión.
- Galvanizado comercial.
- Galvanizado sin estrella.
- Galvanizado aleado.
- Electrocincado.
- Electrocincado puro (Zn).
- Electrocincado Zn−Ni.
- Dumed (Zn−Ni (+Cr+Organico)).

Las chapas, una vez aplicado el tratamiento, se pueden clasificar

-Monocincadas. Cuando dispone galvanizado por una cara; normalmente, la que quedara por el lado exterior de la carrocería.

-Bicincadas. Cuando llevan el galvanizado por las dos caras.

El empleo de las primeras es poco significativo puesto que se tiende siempre a recubrimientos por las dos caras del material, ya que el incremento de precio para el fabricante de automóviles no supone una gran diferencia.

Independientemente de su recubrimiento si se pretende realizar una división de los grandes tipos de aceros aplicables en el mundo del automóvil se dividir en:

-Aceros de conformación en frio convencionales.

-Aceros de Alto Limite Elástico (ALE).

-Aceros laminados en caliente y decapados.

Clasificación de los aceros de alto limite elástico

Los aceros ALE determinan una resistencia mayor a la rotura y su zona plástica es más pequeña, presenta menor deformación antes de romperse.

Existen varios tipos de aceros ALE entre los que cabe destacar:

-Aceros Microaleados (de alta resistencia y baja aleación). Dentro de este grupo podemos encontrar los aceros isotópicos con la adición de titanio entre un 0,01% y 0,04%. Destaca su reducida anisotropía.

-Aceros Refosforados. Son aceros de alta resistencia, obtenidos a partir de adiciones de fósforo que al disolverse aumentan considerablemente el limite elástico y resistencia a la rotura, a costa de disminuir su plasticidad y tenacidad.

-Aceros Fase Dual. Sus características mecánicas son, tensión de rotura de 60 a 80 Kg/mm^2 y alargamiento mínimo 22%.

-Aceros Bake Hardenable. Alcanza altos limites elásticos después del conformado y del proceso de secado de la pintura. Su utilización es creciente.

-Aceros IF (Intersticial Free). Se combinan bajos contenidos de carbono con distintas combinaciones de microaleciones como titanio, niobio, fósforo.

-Aceros TRIP (Transformación Induced Plasticity). Combina una resistencia mecánica de 600 Mpa con una deformabilidad comparable a un acero de embutición de 400 Mpa. Son aceros caros y poco implantados en la industria del automóvil.

Metales no férreos y aleaciones ligeras

-Aluminio. Las propiedades más importantes del aluminio frente al acero son su ligereza y su resistencia a la corrosión. Sin embargo, sus propiedades mecánicas no son tan elevadas. A su vez la resistencia a la rotura por tracción es menor y su límite elástico también. Todo ello supone que para obtener un comportamiento mecánico similar al del acero el espesor del material debe ser superior, aun así, se consigue una disminución considerable de peso, dada la ligereza del material. No obstante, las propiedades del aluminio puro pueden mejorarse si es aleado con pequeñas cantidades de otros elementos, como es la bauxita (materia prima para el aluminio). A pesar de poseer una gran afinidad con el oxígeno es inalterable en el aire, pues se recubre con una delgada capa de oxido (alúmina) que protege al resto de la masa del ataque de la oxidación, debe evitarse el contacto con metales más noble les como el hierro debido a la formación de pares galvánicos que destruyen esta capa protectora.

Ventajas del aluminio

Tiene solo 1/3 del peso específico del acero por lo que se produce un ahorro energético y aumento de la seguridad activa. Junto con el oxígeno del aire se forma una capa de oxido fina que se renueva continuamente protegiendo el resto del material de la corrosión. Las aleaciones del aluminio se pueden reciclar fácilmente.

- El material no es toxico.
- Valores de rigidez favorables.
- Buena resistencia química a la intemperie y al agua de mar.
- Buena conformidad.
- Es muy adecuado para trabajos de unión soldada.

Conformado de piezas en chapa de aluminio

La conformidad se realiza en dos fases.

Primero es preciso laminar el material bruto para producir las chapas.

Después se da a las chapas la forma prevista a base de corte y estampado.

El termofraguado, siguiente paso en el proceso, provoca que los diversos ligantes se combinen con el aluminio dando una tensión previa a la estructura atómica y produciendo una mayor solidez.

Los principales inconvenientes que presenta son:

En las opresiones generales realizadas con el martillo produce fácilmente estiramientos indeseados del material.

En operaciones de soldadura es preciso disponer de equipos específicos ya que el aluminio presenta una gran conductividad térmica que impide localizar durante el tiempo adecuado un punto de calor para producir la fusión del material. En las operaciones de estiraje, la aplicación de esfuerzos para reducir las deformaciones ha de efectuarse bajo un control minucioso. Su utilización en el automóvil se centra en la fabricación de componentes del grupo motopropulsor. En cuanto a carrocería se refiere se limita a ciertos paneles exteriores, aunque en la actualidad hay fabricantes que la realizan completamente en aluminio. Los metales de adición más empleados son: cobre, zinc, manganeso, níquel, titanio, cromo y cobalto.

Magnesio

Es un metal de color blanco que se caracteriza por su ligereza. Resulta muy fácil de moldear lo que lo hace apto para el diseño de piezas complejas. Su desventaja principal es el alto coste de producción.

Formas de las piezas de magnesio

El magnesio se combina igual que el aluminio con ligantes, después de ello la aleación fundida de magnesio se inyecta a altas presiones y velocidades en una matriz de moldeo.

Titanio

Posee una resistencia similar a los mejores aceros con una densidad aproximadamente de la mitad, lo que supone una gran disminución de peso.

Su extracción y procesamiento es más caro que el acero y su tratamiento mucho más costoso ya que su elevada dureza hace muy difícil su mecanizado. Su principal inconveniente es el elevado coste de producción,

Materiales plásticos

Su aplicación en la carrocería está muy extendida: paragolpes, portones, capos, elementos de ornamentación como estriberas, spoilers y alerones, etc.

El polipropileno (PP) es el plástico más utilizado por sus excelentes cualidades y su fácil reciclado. Las principales razones que han llevado a los fabricantes a incorporar plásticos de forma masiva son:

- La reducción de peso.

- Menor coste de fabricación.

- Mayor resistencia a la fricción (cojinetes y casquillos).

- Absorción de impactos sin deformarse.

- Resistencia a productos químicos y corrosión.

- Posibilidad de ser pintados.

- Combinar con otros materiales para mejorar la estética del automóvil.

- Posibilidad de conformación (mejor aspecto óptico y reducción de peso).

Materiales plásticos empleados en fabricación de elementos del automóvil

Por su estructura interna los plásticos puedes clasificarse de la siguiente forma

- Termoplásticos.

- Termoestables.

- Elastómeros.

Termoplásticos

Están formados por macromoléculas lineales o ramificadas, no entrelazadas, en general sin duros en frío y fluyen al calentarse. El proceso de calentamiento para darles forma puede repetirse prácticamente de forma ilimitada. Son termoplásticos el polipropileno (PP), polietileno (PE), cloruro de vinilo (PVC), poliesterol (PS), etc.

Termoplásticos más utilizados en el automóvil

-ABS (Acrilonitrilo–Butadieno–Estireno)

Propiedades: Tiene buenas propiedades en cuanto a rigidez, estabilidad, tenacidad, resistencia a los productos químicos y buena calidad de las superficies.

Usos: Calandras, rejillas, estructuras de salpicaderos, tapacubos, spoilers y cantoneras, carenados de moto, etc.

-ALPHA (ABS–Policarbonato)

Propiedades: Buenas propiedades mecánicas y térmicas; es rígido, resistente al impacto y con buena estabilidad dimensional.

Usos: Spoilers y cantoneras, canalizaciones, rejillas, etc.

-PA (Poliamida)

Propiedades: Nylon, se fabrica en varias densidades. Es tenaz, resistente al desgaste y a los disolventes usuales.

Usos: Rejillas, revestimientos interiores, radiadores, etc.

-PC (Policarbonato)

Propiedades: Son materiales rígidos y duros con buena resistencia al impacto; dimensionalmente estables, resistentes a la intemperie y al calor. Es combustible, pero autoextinguible.

Usos: Paragolpes revestimientos, pasos de rueda, carenados de moto, etc.

-PE (Polipropileno)

Propiedades: Resistente a los productos químicos y elevadas temperaturas tiene una gran resistencia a la tracción y al impacto. Es de los mejores aislantes eléctricos. Según el procedimiento de polimerización se distinguen dos tipos:

-Polietileno de baja densidad (PE bd.). Es altamente resistente a los agentes químicos, tiene buena estabilidad

térmica y no es toxico. Se adapta de modo especial a la extrusión e inyección.

-Polietileno de alta densidad (PE ad.). Es más rígido y posee una excelente resistencia a las altas temperaturas.

Usos: Baterías, paragolpes, revestimientos interiores, etc.

-PP (Polipropileno)

Propiedades: Idénticas a las del PE, además se comporta mejor en altas temperaturas, pero peor a bajas temperaturas. Muy buen aislante y muy resistente a la abrasión y tracción. Fácilmente coloreable.

Usos: Similares al polietileno. Es el plástico más utilizado en el automóvil.

-PP-EPDM (Etileno-Polipropileno-Dieno Monómero)

Propiedades: Es elástico y absorbe con facilidad los impactos, resistente a la temperatura y de buenas propiedades eléctricas. Resistente a ácidos y disolventes.

Usos: Paragolpes, revestimientos interiores y exteriores, spoilers, cantoneras, etc.

-PVC (Cloruro de Polivinilo)

Propiedades: Resistente al tiempo y a la humedad, pero no a la temperatura por lo que hay que añadirle diversos estabilizantes; dimensionalmente estable coloreable, y resistente a la mayoría de los ácidos.

Cuando se descompone el humo de cloruro de hidrógeno es cancerígeno.

Usos: Pisos de autocares, cables eléctricos, etc.

-XENOY (PPC–PBTP) (Policarbonato, Poliéster termoplástico)

Propiedades: De estructura rígida, son elásticos y tienen una gran resistencia al impacto.

Usos: Paragolpes, rejillas, revestimientos de pases de rueda, etc. Termoestables o endurecibles. Sus macromoléculas forman una red de malla cerrada, por lo que son rígidas, insolubles e infusibles. No sufren ninguna variación en su estructura al ser calentados, siempre que no se llegue a la temperatura de descomposición. Entre los termoestables o termoendurecibles se encuentran: resinas fenólicas, resinas alquídicas, resinas de poliéster no saturadas, resinas epoxídicas, etc.

Termoestables más utilizados en el automóvil

Los termoestables son plásticos de elevada rigidez, gran resistencia a la deformación y un peso reducido, que les hace apropiados para paneles exteriores.

-GU–P (Resinas de poliéster reforzadas con fibra de vidrio)

Propiedades: Son rígidos, ligeros y de buenas propiedades mecánicas.

Usos: Se utilizan en portones capos, isotermos, carenados de moto y en general en las zonas exteriores de la carrocería.

-GFK (Plásticos reforzados con fibra de vidrio)

Propiedades: Estructura formada por una resina termoendurecible y fibras de vidrio. Resistente a la corrosión y a la intemperie y de baja conductividad térmica. No son soldables, pero se pueden reparar.

Usos: Paragolpes, canalizaciones, salpicaderos, etc.´

-EP (Epoxi-do) resina epoxi

Propiedades: Son duros, resistentes a la corrosión y a los agentes químicos, no originan encogimiento. Pueden ser muy irritantes para la piel.

Usos: Se utiliza como adhesivo a los metales y a la mayoría de las resinas sintéticas.

Nuevas técnicas de fabricación

Entre las técnicas de fabricación destacan la utilización de Tailored blank, la hidroconformación y el empleo de paneles tipo sándwich.

-Tailored blank. Son componentes de una sola pieza con un diseño complejo que combina varios espesores, recubrimientos y distinto grado de resistencia. Los diferentes aceros se sueldan (generalmente por láser) para obtener un único desarrollo a partir del cual se conforma la pieza. Los componentes así fabricados tienen la capacidad de optimizar la función estructural asegurando un proceso de absorción más progresivo y efectivo.

-Hidroconformación. Se fabrican formas complejas en componentes tubulares de zonas en las que la carrocería forma una sección cerrada (como largueros, montantes, travesías, etc.). Se basa en la expansión de un tubo recto de chapa de acero en una matriz (molde) con la forma que se desea para el tubo. A continuación, se introduce agua a alta presión consiguiéndose así la forma deseada en el tubo. Este procedimiento proporciona una gran estabilidad de dimensiones y un alto limite elástico de la pieza al realizarse en frio el proceso de trabajo. La hidroconformación consigue reducir el peso de dos formas distintas: Se aprovecha al máximo el tamaño de la sección de la pieza al eliminar la necesidad de disponer de pestañas de soldadura.

El larguero hidroconformado del techo distribuye de una forma mucho más eficiente las cargas eliminando así las necesidades de material en otras zonas.

-Sándwich de acero. Consiste en un núcleo termoplástico (generalmente polipropileno) en un sándwich de dos recubrimientos de acero de bajo espesor consiguiendo una notable disminución de peso, hasta un 50%, sin comprometer las prestaciones.

Carrocería de plástico

Proceso del repintado

Realización del repintado

El proceso que aquí se describe está dirigido a la reparación de daños generales de pintura y de pequeñas y medianas abolladuras. No para la reparación de siniestros que afecten a la estructura o chasis del vehículo, pues las reparaciones de este tipo son complejas y requieren la intervención de técnicos debidamente cualificados, además del uso de maquinaria y herramientas específicas. Se trata de una visión global, enfocada sobre todo a neófitos en la materia, que servirá de base para el perfecto entendimiento. El proceso de repintado se puede dividir en las siguientes fases:

- Desmontaje.
- Desabollado.
- Preparación.
- Pintado.
- Montaje.

-Desmontaje

Consiste en retirar todos los elementos y accesorios de la carrocería que obstaculicen el proceso de reparación.

Estos elementos son molduras, manecillas, emblemas, rejillas, paragolpes, etc. ¿Para qué se hace? Para evitar dañarlos durante el proceso de reparación. Para realizar las operaciones de lijado más cómodamente. Para evitar rebabas de exceso de pintura en el contorno de algunos elementos. En el caso de materiales plásticos (por ej., paragolpes), para poder aplicar un tratamiento específico a dicho material. Para acceder cómodamente a algunos lugares con la pintura.

-Desabollado

Consiste en sacar las abolladuras de la chapa lo máximo posible. Existen diferentes métodos con diversos grados de complejidad para los "no profesionales", ante grandes deformaciones optaremos por la sustitución de la pieza y que la chapa se acerque lo máximo posible a su forma original y así facilitar el proceso de preparación.

-Preparación

Consiste en corregir todos los daños y lijar toda la superficie a pintar. Estos daños son arañazos, pequeñas abolladuras y reparaciones de chapa. Se divide en diferentes subfases. Se hace para devolver las piezas a pintar a su estado original y para garantizar el agarre de la pintura de acabado.

Limpieza y desengrasado. La limpieza a fondo de la superficie a pintar nos ayudará a localizar todos los daños y facilitará el lijado del vehículo.

Lijado de daños. Lijado de las zonas dañadas (arañazos, abolladuras...). El lijado permite rectificar algunos daños y proporciona agarre para la masilla.

Enmasillado. Aplicación de masilla en zonas dañadas que proporciona relleno en dichas zonas.

Lijado masilla. Lijado del exceso de masilla. Nivela la superficie de la zona dañada y devuelve a la pieza su forma original.

Aparejado. Aplicación de imprimación-aparejo. Protege y sella la zona reparada, y proporciona relleno para pequeños defectos de la masilla.

Lijado aparejo. Lijado de la imprimación aparejo. Completa la nivelación de la zona reparada y proporciona agarre para la pintura de acabado.

Matizado. Lijado del resto de la superficie a pintar. Corrige y nivela pequeños defectos de la pintura antigua y proporciona agarre a la pintura de acabado.

Limpieza previa enmascarado. Preparación. Eliminación de residuos de lijado y otros contaminantes.

Facilita una inspección última de la superficie a pintar.

Enmascarado. Tapado y sellado de todo área o elemento que no ha de ser pintado.

Evita indeseables manchas de pintura y pulverizaciones.

-Pintado

Consiste en la aplicación de pintura de acabado. Normalmente se aplica en dos capas (acabado bicapa); una de color y otra de barniz. Determinados colores pueden aplicarse en una sola capa (acabado monocapa o brillo directo). Estos colores han de ser sólidos (blanco, rojo...). La capa de base (o color) cubre el aparejo de las áreas reparadas, restituyendo el color del vehículo. La capa de barniz (o laca) aísla y protege la capa de color, y proporciona brillo al acabado. Los acabados monocapa proporcionan color y brillo en una sola capa.

Limpieza. Soplado, desengrasado y limpieza con paño atrapa polvo. Asegura un buen acabado de la pintura eliminando todo residuo que pueda provocar imperfecciones en la misma.

Aplicación base. Aplicación de color sobre la superficie a pintar. Dependiendo del color, se aplica a dos manos más un pulverizado de control. Su acabado es mate. Cubre las áreas reparadas y restituye el color de la carrocería.

*Aplicación barniz. Pintado. A*plicación de barniz sobre la superficie a pintar. se aplica en dos manos. Su acabado es brillante. Protege la capa de base y proporciona brillo.

Secado. Consiste en someter al vehículo a una fuente de calor (generalmente 60 grados durante 30 minutos) para forzar el secado del barniz. Endurece el barniz en un tiempo razonablemente corto y garantiza el montaje del vehículo sin riesgos.

-Montaje

Consiste en montar todos los elementos desmontados al inicio del proceso en su emplazamiento, procurando no dañar las piezas pintadas.

Para culminar el proceso de repintado, devolviendo el vehículo a su estado original.

Materiales necesarios para el repintado

-Químicos

Masilla de poliéster

Es una pasta espesa con gran poder de relleno. Sirve para rellenar desniveles de la chapa. Se mezcla la cantidad necesaria de masilla con endurecedor (peróxido de benzoilo) en una proporción del 2 al 3%. Cuando está la mezcla homogénea se aplica con ayuda de unas espátulas sobre la superficie a nivelar. Transcurridos unos 30 minutos de secado, se lijan los excesos de masilla hasta que la superficie está perfectamente nivelada

Kit imprimación/aparejo HS

Es una pintura con alto contenido en sólidos con propiedades e sellado, protección, y relleno. Sirve para proteger y sellar las zonas reparadas, rellenar pequeños defectos, y proporciona un fondo estable para la pintura de acabado.

Kit: Imprimación/aparejo: Es el producto propiamente dicho.

Catalizador: Componente que mezclado con el aparejo provoca una reacción química que induce al secado de este.

Diluyente: Disolvente acrílico que ajusta la viscosidad del producto para su aplicación.

Uso: Mezclar con el catalizador y diluyente en la proporción indicada por el fabricante. Se aplica con pistola aerográfica conforme a la ficha técnica proporcionada por el fabricante. Transcurrido el tiempo de secado recomendado se lija hasta nivelar la superficie del aparejo.

Producto alternativo: Aparejo en aerosol para reparaciones de pequeña magnitud.

Pintura de acabado. Capa de base

Es el color propiamente dicho. Su acabado es mate (base bicapa). Sirve para cubrir el aparejo de las áreas reparadas y proporciona el color específico del vehículo.

Uso: Se diluye la pintura de acuerdo con las especificaciones del fabricante. Se aplica con pistola aerográfica conforme a la ficha técnica del fabricante. Se deja evaporar hasta que adquiera aspecto mate antes de aplicar barniz.

Kit barniz: Es una laca transparente de acabado brillante. Protege y aísla la capa de base, y proporciona brillo al acabado.

Kit: Barniz: Es el producto propiamente dicho.

Catalizador: Componente que mezclado con el barniz provoca una reacción química que induce al secado del producto.

Diluyente: Disolvente acrílico que ajusta la viscosidad del producto para su aplicación. Se mezcla con catalizador y diluyente en la proporción indicada por el fabricante.

Se aplica con pistola aerográfica conforme a la ficha técnica proporcionada por el fabricante.

-Abrasivos

Estropajo

Son abrasivos en forma de fibras entrelazadas con material abrasivo impregnado. Su aspecto es similar a los utilizados en limpieza (scotch brite). Sirven para abrir el poro de la superficie a pintar (matizar).

Son un conjunto de fibras entrelazadas impregnadas en material abrasivo, su capacidad abrasiva viene determinada por el color del estropajo. enumerando desde el más abrasivo al más fino sería: rojo, gris y dorado.

Uso: Se selecciona el grano adecuado, se sujeta con la mano y se desliza repetidamente sobre la superficie a matizar sin ejercer excesiva presión, pueden utilizarse en seco o en húmedo, y con ayuda de pasta matizante.

Discos de lija

Son discos abrasivos que se acoplan mediante un velcro al plato de una lijadora, sirven para lijar los diferentes materiales que se aplican durante el proceso de reparación y la pintura antigua. La medida más común de estos discos es 150mm de diámetro, medida coincidente con el diámetro del plato de la lijadora. Presentan unas perforaciones (generalmente 15) que permiten la aspiración del polvo provocado durante el lijado. El poder abrasivo de los discos viene determinado por la granulometría. Los granos más utilizados en repintado son:

P80, P150, P240, P320, P400 y P800, siendo P80 el más grueso y abrasivo y P800 el más fino.

Uso: Se selecciona el grano adecuado, se coloca sobre el plato de la lijadora haciendo coincidir los orificios de aspiración y se desliza la lijadora sobre la superficie a lijar sin presionar en exceso y a una velocidad moderada.

Esponjillas abrasivas: Son lijas cuyo abrasivo está adherido a un soporte de espuma, sirven para lijar diferentes materiales y pintura antigua de forma manual.

Su forma es rectangular y tienen el tamaño aproximado de la palma de la mano, su soporte de espuma permite que se adapten a cualquier forma, por lo que están especialmente indicadas para aquellos lugares donde no accede la lijadora.

El poder abrasivo de las esponjillas está determinado por la siguiente catalogación: fina, superfina, ultrafina y microfina.

Uso: Se selecciona el grano adecuado, se sujeta con la mano y se desliza sobre la superficie a lijar sin ejercer excesiva presión, se utilizan en aquellos lugares donde no accede la lijadora.

Alternativas: Lijas al agua de diferentes granos

-Enmascarado

Film de enmascarar

Es una delgada lámina de plástico, sirve para cubrir todos aquellos elementos que no han de ser pintados. Es una delgada lámina de plástico, completamente impermeable, muy fácil de cortar y manipular. El más utilizado es un filme con cinta de carrocero en uno de sus extremos, lo que facilita su colocación. Las medidas de ancho más comunes son 35cm, 60cm, 120cm y 180cm.

Uso: una vez perfilado con cinta el elemento a cubrir, se coloca el filme estirado sobre el mismo, se recorta el sobrante y se sujetan los extremos con cinta.

Alternativas: Bobinas de filme de 4x300m, las cuales cubren un turismo por completo con un solo trozo de plástico. Papel de enmascarar.

Cinta de carrocero

Es cinta adhesiva especial para tareas de empapelado, sirve para perfilar los elementos que no han de ser pintados y para sujetar papel o plástico sobre dichos elementos. Es de un material similar al papel y es de color beige generalmente, está impregnada de adhesivo en una de sus caras, se pega y despega con facilidad, es fácil de cortar (con las manos), y no deja residuo de pegamento cuando se retira. El ancho puede ser de muchas medidas; las más utilizados son 19mm y 50mm.

Uso: Se perfila con cinta estrecha los elementos que se quieren tapar. Se sujeta papel o plástico sobre dichos elementos con ayuda de esta cinta, una vez pintado y seco el vehículo se retira la cinta y el papel.

Burlete

Es una tira de espuma con adhesivo en uno de sus lados, sirve para tapar y sellar los alojamientos de las puertas y otros elementos móviles de la carrocería, impidiendo que entre pintura en ellos o salga suciedad. Es de espuma de poliuretano expandido, suele tener 13mm o 19mm de diámetro y una longitud de unos 10 metros.

Uso: Con la puerta o elemento móvil (capó y portón) abierta se pega el burlete en el alojamiento a unos dos o tres milímetros profundidad, de modo que, al cerrar la puerta la espuma tape y selle el interior.

Cinta levanta gomas

Es una cinta especial con un trozo de plástico rígido en uno de sus lados, sirve para separar las gomas de algunas lunas y ventanas de la pintura permitiendo así que penetre bien la pintura y barniz, evitando acumulaciones sobre la goma.

Es una cinta de unos 50 mm de ancho, de los cuales aproximadamente 10 mm son de plástico rígido sin adhesivo

Uso: Se introduce el plástico rígido de la cinta entre la goma y la pintura, para posteriormente tirar de ella hacia fuera, separando así la goma.

-Otros elementos

Disolvente de limpieza

Es un disolvente nitro celulósico, sirve para eliminar restos de pintura de la herramienta de trabajo.

Uso: Se sumergen los elementos que hay que limpiar en el disolvente y con ayuda de trapos o de brochas se retiran los restos de pintura disueltos.

Bayeta de desengrasado

Es un trapo que puede ser de diferentes materiales (papel, microfibra...), sirve para aplicar disolvente desengrasante sobre las superficies a pintar.

Uso: Se humedece la bayeta con desengrasante o se pulveriza el propio desengrasante, con ayuda de un pulverizador, sobre la superficie a pintar, para después extenderlo uniformemente con la bayeta.

Posteriormente se pasa otra bayeta seca para retirar el residuo generado.

Disolvente desengrasante

Es un disolvente limpiador, sirve para eliminar residuos contaminantes de la superficie a pintar.

Uso: Con ayuda de un pulverizador o una bayeta se aplica sobre la superficie a limpiar, se deja actuar brevemente y se retira el residuo generado con ayuda de otra bayeta limpia.

Bayeta atrapa polvo

Es un paño impregnado en resina especial, sirve para eliminar contaminantes sólidos (polvo y otros residuos) una vez desengrasada la superficie y justo antes de pintar.

Uso: La resina que impregna el trapo retiene los elementos sólidos, se desliza suavemente sobre la superficie a pintar.

Fase de pintado

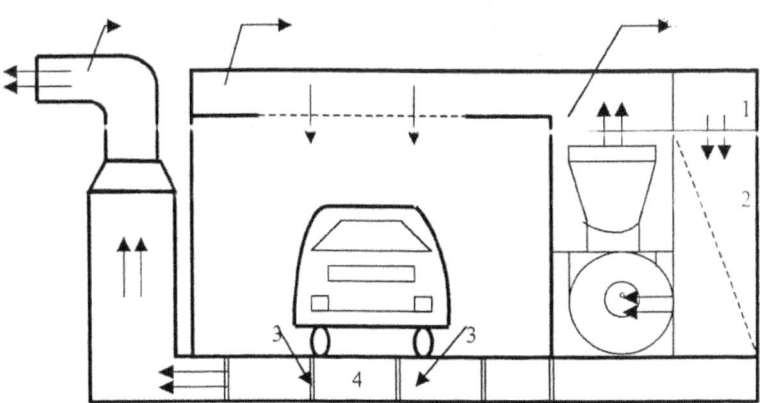

Durante la aplicación de la pintura, las turbinas de impulsión y de extracción realizan un barrido interno de aire limpio desde la admisión (1), eliminando las partículas de polvo cuando el aire limpio pasa a través

de los primeros filtros (2), entonces el aire limpio es enviado a la parte superior del plenum (techo) de la cabina. Este aire que ha sido prefiltrado por los filtros de algodón, fluye hacia abajo desde la parte superior y se descarga hacia fuera de la cabina por las rejillas del suelo (3) al basamento (4). Durante el proceso, el interior de la cabina mantendrá una sobre presión en todo momento para evitar que entre polvo.

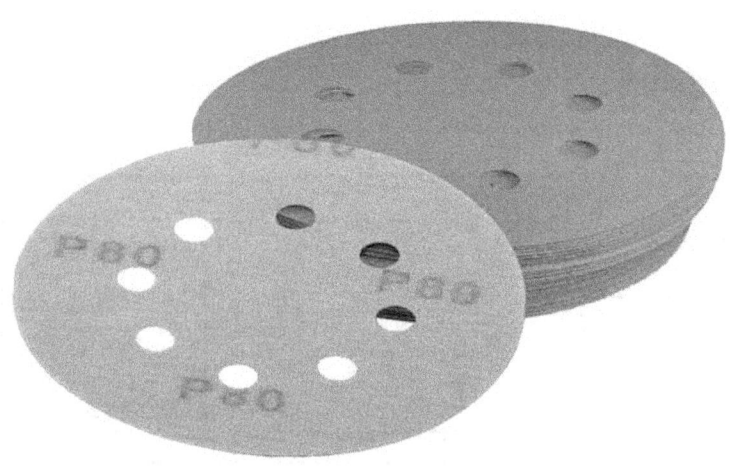

Lija redonda grano P 80

Preparando la superficie a pintar

Limpiar y desengrasar

La limpieza y desengrasado es el primer paso del proceso de preparación de la superficie a pintar. Esta limpieza consiste en eliminar todos los residuos y contaminantes que se depositan en la pintura con el paso del tiempo y el uso. Para realizar esta operación nos serviremos de agua, agentes desengrasantes (disolventes desengrasantes), y trapos o bayetas.

Preparación de superficies

1. Usaremos agua (o agua jabonosa) y una bayeta para eliminar cualquier resto de suciedad superficial, ya sea polvo, barro o cualquier otro tipo de residuo.

Limpiaremos concienzudamente toda la superficie de la pieza, o piezas, que vayamos a pintar.

Pondremos especial atención en los rincones de difícil acceso y en los lugares que han quedado al descubierto tras desmontar algún elemento (como un piloto o una moldura).

2. Efectuaremos una limpieza, más específica, utilizando disolvente desengrasante y una bayeta.

Con la ayuda del disolvente desengrasante conseguiremos eliminar contaminantes adheridos a la pintura, como pueden ser alquitrán, restos de hollín del tubo de escape, polución atmosférica, aceites.

El desengrasante se aplica, se deja actuar brevemente y se retira el residuo generado.

Una buena limpieza nos facilita una perfecta identificación de todos los daños que tiene la pieza a pintar.

Una superficie limpia y desengrasada permite un lijado más eficiente; mayor durabilidad del abrasivo y mayor velocidad.

Los restos de alquitrán son difíciles de eliminar. Normalmente se localizan en la parte inferior de la carrocería y cerca de las ruedas.

Conviene aplicar disolvente desengrasante, dejar actuar durante unos segundos y frotar con el trapo empapado en desengrasante hasta que eliminemos el residuo.

Hay que asegurarse de eliminar completamente cualquier residuo aceitoso de la pintura. Un resto de dicho contaminante puede provocar un rechazo de la pintura aplicada sobre él.

Nunca debes pasar a la siguiente fase del proceso de preparación sin completar esta.

Si empiezas a lijar sobre una superficie sucia puede que algunos daños pasen desapercibidos, además de que los abrasivos que utilices se contaminarán y durarán mucho menos tiempo.

Decapado

Una vez completada la fase de limpieza y desengrasado, pasaremos a la fase de decapado (o lijado previo al enmasillado) de las áreas dañadas. Para ello, previamente, habremos inspeccionado detenidamente todas las piezas a pintar, e identificando y marcando (con ayuda de una tiza o una cera) todos los daños de estas.

El decapado consiste en el lijado de las capas dañadas de pintura hasta capas sanas, procurando en todo momento que la transición entre la zona dañada y la pintura en buen estado esté perfectamente degradada, sin escalones bruscos.

Al mismo tiempo el lijado para decapar nos proporcionará una superficie de adherencia óptima para la masilla de relleno.

Los daños que nos podemos encontrar pueden ser pequeñas abolladuras, arañazos, impactos por piedras o reparaciones de chapa donde hemos eliminado pintura antigua con una radial. Según sean estos daños, procederemos a decaparlos de la manera más conveniente.

A saber:

-Reparaciones de chapa: la radial que se utiliza para eliminar la pintura que se ha descascarillado o partido durante la reparación de chapa provoca unos surcos muy profundos y, en consecuencia, un escalón muy pronunciado en el borde de la reparación. Es por eso por lo que utilizaremos un grano de lija grueso (P80) para decapar la zona, extendiéndonos lo que sea necesario para que el borde de la radial quede completamente neutralizado y perfectamente degradado.

-Pequeñas abolladuras: en estos casos, si la pintura no está partida o descascarillada, no es necesario que decapemos todas las capas de pintura. Tan solo es necesario lijar la primera capa, hasta que la abolladura quede delimitada, abriéndonos lo suficiente para garantizar la adherencia de la masilla. El grano de lija ideal es P150.

-Arañazos e impactos: en estos casos hay que decapar hasta encontrar una capa sana, asegurándonos de que la transición entre la zona afectada y la zona en buen estado esté suavemente degradada. Dependiendo de la longitud y profundidad de los arañazos, podemos optar por P150 (arañazos más profundos y grandes) o por P240. Los bordes de la radial, si no se han eliminado convenientemente, pueden ocasionar problemas de rechupados con el paso del tiempo, marcándose levemente el relieve de estos en la pintura de acabado cuando todos los productos aplicados (masilla, aparejo, pintura…) se hayan curado (cristalización al cabo de varios días) completamente. Es por eso por lo que debemos poner especial atención en ellos a la hora de lijarlos, asegurándonos de su total eliminación.

En el caso de arañazos e impactos, si no hemos tenido que lijar muchas capas y la transición queda suave e imperceptible al tacto, podemos omitir el enmasillado y pasar directamente a fondear con aparejo. Utilizar lijas inapropiadas (ni demasiado finas, ni demasiado gruesas) según el tipo de daño; una lija muy fina (P 240 por ejemplo) para eliminar bordes de la radial provocará un degradado deficiente de estos, además de requerir mucho más tiempo para hacerlo.

Usar lija de agua, ya que podemos provocar oxidación de la chapa desnuda.

Enmasillar

Una vez culminada la fase de decapado, procederemos a enmasillar las áreas dañadas.

El enmasillado consiste en aplicar masilla de poliéster para rellenar las imperfecciones de la chapa. La masilla de poliéster es una pasta con gran capacidad de relleno, de secado rápido y de fácil lijado. La aplicación se realiza con espátula.

El proceso de enmasillado podemos dividirlo en 3 pasos

1. Desengrasado previo.
2. Preparación de la masilla.
3. Aplicación de la masilla.

Toda el área que se debe enmasillar ha de estar perfectamente limpia y libre de contaminantes.
Desengrasaremos la superficie a enmasillar rociando la zona con disolvente desengrasante y retirando los residuos generados con una bayeta de microfibra o trapos de papel.

La masilla es un producto de dos componentes: masilla de poliéster (color beige generalmente) y endurecedor (peróxido de benzoilo, color rojo).
La reacción química de ambos componentes al mezclarlos provoca el secado y endurecimiento de la masilla.

La masilla y el endurecedor han de mezclarse en la proporción correcta; a la cantidad requerida de masilla le añadiremos un 2-3% de endurecedor.

Una vez aportada la cantidad necesaria de endurecedor, removeremos la masilla hasta que adquiera un color uniforme (sin efecto mármol).

Cuando la mezcla está lista, disponemos de aproximadamente 15 minutos para aplicarla antes de que empiece a endurecerse.

Con la ayuda de unas espátulas japonesas, aplicaremos la masilla sobre la superficie a rellenar, asegurándonos de cubrir toda el área decapada.

La masilla ha de extenderse uniformemente, ejerciendo suficiente presión sobre la espátula para que comprima la masilla y salga el máximo aire posible que se ha introducido durante la mezcla, en forma de burbujas, durante el removido.

A la hora de extender la masilla, hemos de procurar hacerlo en sentido longitudinal (de adelante a atrás, o de atrás a adelante, y no de arriba abajo). Además, tenemos que tener en cuenta la forma de la pieza que estamos enmasillando, intentando darle a la masilla la misma forma de dicha pieza.

Si hace calor, no mezcles grandes cantidades de masilla, ya que se seca mucho antes.

Cuando apliques un parche de masilla, procura extenderla en ambas direcciones. Si solo lo haces en una dirección, arrastrarás mucha masilla al extremo final del parche, dejando una capa muy fina al principio de este.

Asegúrate de apretar suficientemente la masilla para extraer el aire. Las burbujas de aire en el interior de la masilla se descubren cuando la lijamos, dejando poros en el parche.

Intenta, en la medida de lo posible, que el parche tenga el mínimo de veta (marcas de la espátula al deslizarla). De este modo te asegurarás de que la aplicación es homogénea.

En piezas con formas complejas (curvas, aletines...) puedes usar espátulas especiales de plástico o goma que son más flexibles y adaptables.

Nunca debes echar más endurecedor del recomendado (la masilla adquiere un tono rosáceo), ya que el exceso de peróxido provoca sangrados del parche de masilla que pueden teñir la pintura de acabado dejando manchas. Tampoco debes echar menos endurecedor, pues el secado sería deficiente.

No apliques masilla de manera tosca, pues te costará mucho trabajo lijarla y nivelar la superficie de esta.

Lijado sobre la masilla

Terminado el proceso de enmasillado, dejaremos secar la masilla durante 20 o 30 minutos. Transcurrido este tiempo, procederemos a lijar la masilla.

El lijado de la masilla consiste en eliminar el excedente de esta, hasta conseguir una superficie perfectamente nivelada. Durante el lijado hemos de procurar dar forma al parche para que se adapte a la forma de la pieza, poniendo especial atención en las líneas y las curvas que tiene determinada carrocería.

La herramienta que necesitamos para esta operación es una lijadora, aunque si no disponemos de ella podemos servirnos de un taco con forma plana (u otras formas según sea la superficie que hemos de modelar).

Podemos dividir la operación de lijado en tres pasos, empleando diferentes granos de lija en cada uno de ellos, más un cuarto que consiste en el lijado del contorno de parche de masilla:

1. P80 (con lijadora) o P120/P150 (con taco).

Este paso puede omitirse si el parche de masilla no es muy grande.

En esta fase inicial eliminaremos las rebabas de la masilla y la marca de las espátulas.

Integraremos los bordes del parche con el resto de la pieza, rebajando convenientemente el escalón de la masilla.

Comenzaremos a nivelar la superficie del parche de masilla, pero sin profundizar demasiado, ya que el grano P80 es muy abrasivo y es muy fácil eliminar toda la masilla

llegando hasta la chapa.

2. P150 (con lijadora) o P220/P240 (con taco).

En esta fase nivelaremos casi por completo la superficie del parche y lo modelaremos hasta darle la forma de la pieza.

En determinadas formas complejas, aunque dispongamos de lijadora, puede resultar más fácil utilizar un taco (con P220), ya que ganaremos precisión en el lijado.

Procuraremos extendernos más que en la fase anterior, para asegurarnos que el arañazo de P80 queda completamente neutralizado.

3. P240 (con lijadora) o P320/P360 (con taco).

Una vez logrado el modelado y la nivelación, afinaremos el parche para evitar que aparezcan marcas de lijado en fases posteriores, proporcionando además un agarre optimo al aparejo.

En esta fase, si se ha lijado con taco antes, pondremos especial atención en hacer desaparecer los arañazos longitudinales provocados por el taco, ya que son muy visibles y pueden reaparecer con el paso del tiempo. Nuevamente, procuraremos extendernos más que en la fase anterior para asegurarnos de neutralizar completamente el arañazo de P150.

4. (contorno masilla): P320 (con lijadora) o P400/P500 (con taco) o esponjilla fina (a mano).

Procurando no entrar demasiado en el parche, lijaremos el contorno de este (con P320) para garantizar una buena transición en el lijado del resto de la pieza.

A la hora de lijar un parche de masilla, puede ayudarnos empezar por integrar los bordes del ismo con el resto de la pieza rebajando el escalón, lijando desde el interior del parche hacia fuera. Una vez integrados los bordes, sólo nos queda nivelar el interior del parche lijando todo por igual.

Si utilizas P80, no intentes apurar demasiado, ya que el riesgo de alcanzar la chapa es alto.

Si usas lijadora, las revoluciones de esta han de ser moderadas para tener mayor precisión en el lijado.

Nunca debes saltar más de dos granos de lija entre un paso y otro (ver ficha sistema de lijado).

Nunca debes lijar la masilla con lija al agua. La masilla es muy porosa y absorberá humedad. Nunca debes afinar la masilla más de P240, ya que suavizarás mucho la superficie y restarás

Imprimación

Una vez completado el lijado de la masilla y de los defectos de la pintura antigua que no requieren enmasillado, procederemos a la aplicación de aparejo o fondeado.

El aparejo (imprimación-aparejo) es una pintura de fondo que tiene un alto contenido en sólidos.

Sus propiedades más destacables son: capacidad de relleno, protección de la chapa y fácil lijado.

Los objetivos de la aplicación de aparejo son los siguientes:

Rellenar pequeños defectos de las reparaciones y parches de masilla (poros, surcos de lijado…)

Proteger la chapa que haya podido quedar al descubierto durante el lijado previo.

Nota: ante superficies de chapa desnuda muy extensas, antes del fondeado con aparejo debemos aplicar una imprimación fosfatante para proporcionar un tratamiento anticorrosivo y garantizar la adherencia del aparejo sobre dicha chapa desnuda.

Sellar la reparación proporcionando un sustrato estable y homogéneo a la pintura de acabado.

El proceso de fondeado (o aparejado) consta de 5 pasos

1: Desengrasado previo.

2: Enmascarado.

3: Elección del color de la imprimación-aparejo.

4: Preparación de la imprimación-aparejo.

5: Aplicación de la imprimación-aparejo.

La superficie sobre la que se va a aplicar imprimación-aparejo ha de estar perfectamente limpia y libre de contaminantes para garantizar la adherencia del producto y un acabado óptimo. Para ello desengrasaremos la superficie rociando disolvente desengrasante y retirando los restos con bayetas de microfibra o trapos de papel. Para evitar manchar de imprimación-aparejo zonas no deseadas, procederemos a tapar toda el área adyacente. Pondremos especial atención en sellar debidamente los alojamientos de puertas y capos, con el fin de que no entre nada de imprimación-aparejo dentro de ellos.

También cubriremos ampliamente ventanas, ruedas, otros paneles y todos aquellos accesorios próximos a la zona a fondear. Para esta operación podemos utilizar papel o filme de enmascarar, y cinta de carrocero. Opcionalmente podemos usar burlete para el sellado de interiores.

Teniendo en cuenta que el aparejo es la última capa antes de la pintura de acabado, es preciso que el color de este sea el más apropiado para el color del vehículo que vamos a pintar. Algunos colores de automóviles son muy transparentes, por lo que un tono de aparejo inapropiado puede dificultar enormemente la cubrición de los parches de aparejo.

La mayoría de los aparejos disponibles en el mercado son de color acromático, es decir, de color blanco hasta el negro pasando por toda la escala de grises.

A la hora de escoger color para el aparejo, lo que haremos es seleccionar un gris de la misma altura de tono que el color de la carrocería del vehículo a pintar. La altura de tono podríamos definirla simplificadamente como lo claro u oscuro que es un color, por lo que, si el color que vamos a pintar es claro, escogeremos un aparejo gris claro. Si fuese un color ni claro ni oscuro, escogeremos un gris medio. Y si fuese un color oscuro, el gris del aparejo seria oscuro. Si el color del coche es blanco o negro, lógicamente el color del aparejo ha de ser blanco o negro respectivamente. La imprimación-aparejo es un producto de dos componentes (2K), lo cual implica que ha de mezclarse con un catalizador para que tenga lugar el secado de este. También ha de añadirse a la mezcla diluyente (disolvente acrílico) para ajustar la viscosidad del producto.

La proporción de aparejo, catalizador y diluyente viene determinada por el "ratio de mezcla" que especifique el fabricante del producto. La ratio más común es de 4:1 (en volumen), con un porcentaje variable de diluyente.

Esto significa que por cada 4 partes de aparejo añadiremos 1 parte de catalizador (1L de aparejo + 0,25L de catalizador), más el porcentaje de diluyente necesario.

Una vez añadidos todos los componentes de la mezcla en su proporción correcta, han de removerse muy bien.

La vida útil de la mezcla depende del producto y de las circunstancias ambientales (temperatura ambiente), pero suele ser de aproximadamente una hora.

El aparejo se aplica con pistola aerográfica.

Las características técnicas idóneas de la pistola para este trabajo son:

Tecnología de pulverización: HVLP (high volumen-low presión).

Diámetro de pico de fluido: de 1,7 a 1,9 mm.

Nota: si no disponemos de una herramienta de estas características podemos utilizar otra, pero hemos de tener en cuenta que un pico de fluido de menor diámetro provocará una capa de producto más fina, por lo que debemos añadir alguna mano extra de producto para compensar el espesor total de la película.

El producto ha de aplicarse con una presión de aproximadamente 2 bares.

Normalmente con dos manos mojadas de producto es suficiente, dejando un intervalo de evaporación entre ellas de unos 5-10 min (hasta que el producto adquiera aspecto mate). Como hemos mencionado anteriormente, podemos añadir una mano extra si consideramos que el espesor alcanzado no es suficiente.

Una vez completada la aplicación del aparejo, dejaremos secar el producto un mínimo de 4 horas.

Es recomendable aplicar la 1ª mano más extensa que la 2ª (tal y como se muestra en la figura anterior). De este modo conseguiremos un efecto piramidal en el grosor de la capa de aparejo que nos favorecerá la nivelación de la superficie y la inserción del parche de aparejo con el resto de la pintura.

El aparejo debe aplicarse con una viscosidad adecuada; si está demasiado espeso quedará una superficie muy rugosa y difícil de lijar, y si está demasiado líquido pueden provocarse descolgaduras del material. Una viscosidad óptima garantiza un buen nivel de relleno y una superficie fina para un buen lijado.

Las dos manos han de aplicarse suficientemente mojadas para obtener un espesor suficiente y una superficie nivelada y fina.

Realizar la mezcla aplicando la ratio al peso: las diferentes densidades de los productos pueden suponer que para un mismo volumen (por ej. 1 litro), el peso del aparejo y el catalizador sean diferentes (por ej. 1700 gramos el aparejo y 1000 gramos el catalizador), por lo que la ratio de mezcla se vería alterado. Recuerda que la ratio siempre viene dada en volumen.

Aplicar las dos manos de aparejo sin dejar evaporar la primera: las dos manos se mezclarían pudiendo aparecer descolgaduras.

Aplicar manos demasiado finas (pulverizadas): la película quedaría muy fina y la superficie muy basta y rugosa.

Debes evitar en lo posible llegar con el aparejo hasta la cinta donde hemos empapelado: si se acumula mucho material encima de la cinta quedará un escalón muy pronunciado que será bastante difícil de eliminar y dejará alguna huella.

Lijado y emparejado

Una vez finalizado el secado del aparejo, el siguiente paso es el lijado de este.

El lijado se realiza para cumplir los siguientes objetivos

Nivelar los pequeños defectos de las reparaciones.

Alisar completamente la superficie.

Garantizar la adherencia de la pintura de acabado.

Teniendo en cuenta que encima del aparejo se aplica la pintura de acabado, hemos de lijarlo con un grano suficientemente fino para que la pintura pueda cubrirlo.

Existen dos métodos de lijado: en seco o al agua. La alternativa de lijado al agua puede ser útil si no disponemos de lijadora.

Puede resultar útil comenzar lijando los bordes del parche, de dentro hacia fuera, ya que es lo más costoso de lijar debido a siempre están más bastos que el centro del parche.

Podemos servirnos de una guía de lijado que nos indique hasta donde debemos seguir lijando para que la superficie quede completamente lisa.

En colores delicados (plateados, champan...) podemos añadir un afinado con P500 o P600 (en seco), lo que facilitará la cubrición del lijado por la pintura.

Emplear granos más agresivos de P400, pues el color puede que no los cubra desmereciendo el acabado final.

Alcanzar capas inferiores del parche de aparejo (masilla, chapa...). O, al menos, evitarlas todo lo posible.

Comenzar a lijar el aparejo antes de que haya secado completamente.

Guía de lijado: producto de color completamente opuesto al del aparejo, que se aplica sobre este seco y antes de lijar. La guía se mete en todos los relieves del aparejo, por lo que debemos seguir lijando hasta que la guía desaparezca por completo.

Puede servir de guía un aerosol (de diferente color) pulverizado sobre el aparejo, el polvo de las pastillas de freno que se acumula en las llantas aplicado con una esponja, o algún producto profesional específico para dicha función.

Matizar

Completada la fase de lijado de aparejo, la última operación de lijado es el matizado.

Cuando se ha reparado algún daño en una pieza, hemos decapado, enmasillado, lijado la masilla, fondeado y lijado el aparejo. El resto de la pieza, aun con la pintura en buen estado, sin daños, requiere ser lijada para que agarre la pintura que vamos a aplicar. Ahora bien, dado que esta pintura se encuentra en buen estado, solo necesitamos aplicar una lija suficientemente fina para abrir el poro; en esto consiste la operación de matizado.

Como en el caso del lijado de aparejo, tenemos dos opciones para hacerlo: en seco o al agua.

Si optamos por la opción de matizado en seco, necesitamos una lijadora y unos discos de P800, más un estropajo gris para matizar manualmente los lugares donde no accede la lijadora.

Si optamos por la opción de lijado al agua, completamente manual, por lo que es la alternativa recomendable si no disponemos de lijadora, utilizaremos estropajo gris o dorado y pasta matizante.

El lijado con P800 ayuda corregir pequeños defectos que tiene la pintura antigua, como inclusiones de suciedad en la capa de barniz durante anteriores repintados, piel de naranja, tan solo hay que insistir un poco con la lijadora hasta que dichos defectos queden nivelados y corregidos.

Las aristas y cantos de las piezas son delicados y es fácil alcanzar capas inferiores cuando se lija con P800. Por este motivo conviene no insistir mucho con la lijadora en estos lugares, matizándolos preferiblemente a mano con el estropajo.

Cuando se trata de repintar una única pieza de un vehículo, es aconsejable proteger las piezas adyacentes de la misma con cinta de carrocero para no provocar daños durante el matizado.

No utilizar lijas más gruesas de las indicadas, pues nos obligarán a aplicar más cantidad de color en toda la pieza.

No provocar calvas (alcanzado de capas inferiores) en cantos y aristas, pues nos impedirán realizar difuminados con el color.

Si matizas con estropajo y pasta matizante, no dejes que se seque el barro que se forma con el agua, la pasta matizante y el residuo de lijado, pues es muy costoso retirarlo cuando se ha secado. Es mejor limpiar la pieza con una bayeta y agua justo después de matizarla.

Difuminado: Técnica que se emplea para minimizar las diferencias de tonalidad de los colores utilizados en el repintado con los originales de la carrocería. Existe una ficha que explica por qué es necesario y cómo se realiza.

Enmascarado

Una vez que hemos culminado todas las operaciones de lijado, ya tenemos la superficie de los paneles lista para pintar. Como es lógico, hemos de tapar todo que aquello que no queremos pintar, ya sean ventanas, faros o pilotos, diversos accesorios, e incluso otros paneles. A esta operación le llamamos enmascarado o empapelado del vehículo.

Antes de nada, tenemos que limpiar muy bien todo el vehículo para eliminar todos los restos de lijado y toda la suciedad que se acumula en diferentes partes del vehículo. No solo hemos de limitarnos a limpiar la superficie exterior del coche, sino que también hay que limpiar los interiores de las puertas y capos, así como cualquier lugar donde se acumule suciedad que pueda crearnos dificultades durante la fase de pintado.

La limpieza puede consistir en un soplado a fondo con aire comprimido (con ayuda de un compresor) y un desengrasado, o incluso un lavado con agua a presión.

El objetivo principal es eliminar toda la suciedad que pueda salir de cualquier rincón por efecto del aire a presión de la pistola de aplicación, y se deposite en la superficie a pintar creando inclusiones y desperfectos en la capa de pintura. Para proceder a enmascarar un vehículo necesitamos dos productos esenciales; papel (o plástico de enmascarar) y cinta de carrocero. Además, pueden sernos muy útiles otros productos especiales como burlete o cinta levantagomas.

Un proceso de enmascarado se divide en 3 pasos

1: Sellado de interiores de puertas y capós.

2: Tapado de paneles, cristales y grandes superficies.

3: Perfilado de contornos.

Tenemos que aislar estos interiores de manera no se manchen con la pintura y no exista posibilidad de que salga cualquier resto de suciedad que no haya sido eliminado. La forma más rápida y eficaz de sellar estos interiores es usando burlete. El burlete es una tira de espuma de poliuretano cilíndrica, con una capa de adhesivo en un lado.

El burlete se coloca en el alojamiento de las puertas o capos, a dos o tres milímetros de profundidad, de manera que al cerrar la puerta el interior del canto de esta presiona levemente la espuma, provocando el sellado del interior.

Como método alternativo podemos emplear tiras de papel estrecho y cinta, colocándolos en ambos lados (puerta y alojamiento) aprovechando algún pliegue de la chapa que nos disimule el corte. El inconveniente de este sistema es que requiere mucho tiempo para su ejecución.

Hemos de cubrir dichos elementos con el fin de que no se pinten o se pulvericen.

Lo más habitual es hacerlo con papel o plástico de enmascarar (de diferentes medidas, según el elemento a tapar). El plástico de enmascarar viene plegado y con cinta de carrocero incorporada en uno de sus extremos, lo cual lo convierte en un producto muy cómodo y sencillo de usar.

Cuando usamos papel, cortamos un trozo del tamaño necesario, lo extendemos sobre el elemento a cubrir, recortamos el sobrante, y lo sujetamos con cinta.

Cuando usamos plástico, pegamos la cinta mientras lo desenrollamos sobre el elemento a tapar, después lo desplegamos, cortamos el sobrante, y sujetamos los extremos con cinta.

Tapado de ruedas

En último lugar, taparemos las ruedas del vehículo. Hemos de tener en cuenta que los guardabarros de un automóvil acumulan mucha suciedad, por lo que debemos aislarlos todo lo posible.

Podemos utilizar un trozo grande de papel y sujetarlo con cinta en el interior del aletín.

Una vez tapado todo lo que no se ha de pintar y sellados todos los interiores, procederemos a perfilar todos los contornos alrededor de donde vamos a pintar con cinta de carrocero. Esta operación ha de realizarse prestando mucha atención, ya que debemos ser muy precisos a la hora de colocar la cinta, procurando que quede pegada en el mismo borde del elemento a tapar sin que se pegue nada en el elemento a pintar.

Lo más apropiado es usar cinta de carrocero estrecha (de 15 o 19mm.).

Para perfilar iremos desplegando la cinta sobre el contorno, y la iremos pegando de forma precisa sobre el mismo. Si fuese necesario, recortaremos los sobrantes de cinta con ayuda de un cúter.

Colocación de cinta levantagomas

Algunos elementos, como las lunas de parabrisas, tienen una junta de goma alrededor que ajusta completamente con la superficie pintada. Si nos limitamos a tapar dicha goma con cinta convencional, provocaremos un exceso de pintura sobre la misma que desmerecerá el acabado. Es por eso por lo que debemos separar dicha goma de la superficie a pintar, para que la pintura penetre libremente y no provoque excesos.

Existe un producto específico para este trabajo, denominado comúnmente como cinta levantagomas, y que es una cinta especial, de unos 50mm de ancho, que tiene adherido en uno de sus extremos una tira de plástico bastante rígido.

Para separar la goma, cortamos un pedazo de cinta, introducimos el extremo de plástico rígido por debajo de la goma y tiramos hacia fuera hasta que la hallamos separado suficientemente. Después pegaremos la cinta sobre el cristal para fijar su posición. Como método alternativo, podemos introducir una cuerda fina debajo de la goma para que se separe de la superficie a pintar, para después perfilarla con cinta convencional. Esta es una alternativa casera de bajo coste, pero poco recomendable debido a la dificultad que entraña el introducir una cuerda debajo de algunas gomas que están muy juntas, y debido a que en algunos casos la goma puede deformarse. Si utilizas papel, ha de estar reforzado con una parafina al menos en unas de sus caras, para impedir que la pintura lo empape y lo cale, lo que provocaría que se quede adherido al elemento que cubre estropeándolo. El perfilado de los contornos conviene hacerlo en último lugar (después de colocar el papel o plástico), sobre todo si se trata de elementos que están muy pegados a la superficie a pintar. De este modo, inmediatamente después de aplicar la pintura, la cinta con la que hemos perfilado puede ser retirada, minimizando así la acumulación de pintura en este lugar.

Para tapar elementos pequeños (molduras, pequeños pilotos…), podemos cubrirlos directamente con cinta de 38 o 50mm. No debes usar papel de periódico; suele tener pequeñas perforaciones, la pintura puede calarlos y, además, pueden desprender pequeños trozos que se incrustarían en la superficie pintada.

No debes limitarte a cubrir una pequeña área alrededor de la pieza que vas a pintar, la nube de pulverización llega muy lejos y se puede depositar en las partes del vehículo descubiertas. Es conveniente cubrir todo el vehículo, sobre todo si no pintamos en una cabina de pintura. Has de cuidar no pegar cinta encima de una pieza que vas a pintar (en la operación de perfilado). Si esto sucede, aparte de quedar una parte sin pintar, cuando retires la cinta puedes desprender un trozo de pintura por no estar suficientemente endurecida.

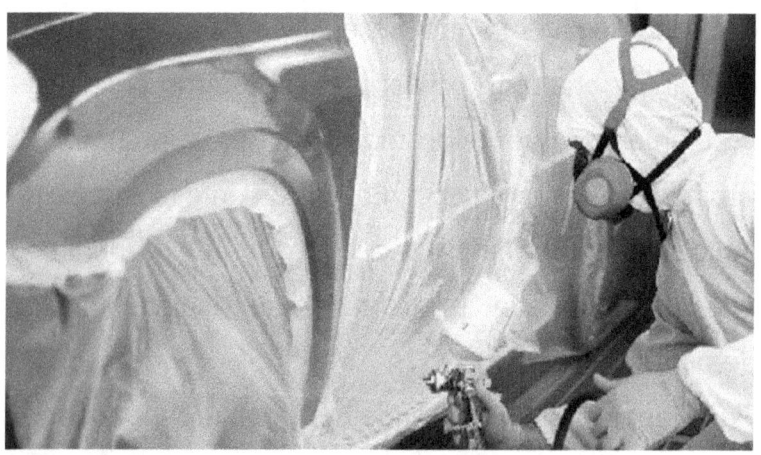

Colocación de cinta en las partes no pintadas

Pintura para el acabado

Limpieza

Una vez concluido el enmascarado del vehículo, hemos de limpiar concienzudamente la superficie que vamos a pintar.

Un acabado de calidad depende, en gran medida, de la limpieza previa.

Las partículas diminutas de suciedad que no se hayan eliminado correctamente pueden depositarse en la pintura recién aplicada formando inclusiones (comúnmente motas), y, cualquier residuo de origen oleoso que impregne la superficie a pintar puede provocar rechazos en la pintura, que impiden su correcta nivelación (comúnmente, silicona).

Es por eso por lo que hemos de asegurarnos de eliminar completamente cualquier tipo de residuo que pueda desmerecer el acabado de la pintura.

Podemos dividir el proceso en 3 pasos

  1: Soplado

  2: Desengrasado

  3: Limpieza con paño atrapa polvo

Soplado

Con ayuda de un compresor y una pistola de soplado, consiste en soplar con aire comprimido todo el vehículo, tanto la superficie a pintar como el papel de enmascarar, prestando especial atención en rincones y ranuras donde pueda acumularse polvo y suciedad.

Podemos ayudarnos deslizando la mano sobre la superficie mientras soplamos para ayudar a las partículas a desprenderse y comprobar que la superficie queda bien limpia.

Hemos de insistir en esta operación hasta estar completamente seguros de que se ha eliminado todo residuo solido del vehículo.

Para eliminar cualquier residuo que impregne la superficie, hemos de desengrasar.

Para ello usaremos disolvente desengrasante y una bayeta de microfibra. También pueden usarse trapos de papel (uno para aplicar y otro para secar), pero es importante que se use uno específico que no deje restos diminutos de papel.

Insistiremos cuanto sea necesario hasta que la superficie esté completamente desengrasada.

Si se va a aplicar pintura base agua, es recomendable aplicar una segunda limpieza con un limpiador anticalcáreo, para eliminar restos de cal y sales minerales (sobre todo si se ha lavado el vehículo con agua muy dura). Estos residuos provocan rechazos en la capa de base agua. La forma de aplicar el limpiador es exactamente igual a como se aplicaría el desengrasante.

En último lugar pasaremos un paño atrapapolvo (trapo especial impregnado con resina) sobre la superficie a pintar para recoger los últimos restos de partículas sólidas.

Lo deslizaremos por toda la superficie aplicando un suave movimiento de zigzag, sin ejercer demasiada presión.

Comenzaremos por las partes altas del vehículo. En los planos horizontales (techos y capos) limpiaremos de dentro a fuera, y en los planos verticales de arriba abajo.

Antes de comenzar a limpiar debes asegurarte de que tu ropa está bien limpia y libre de polvo (sobre todo si has lijado con ella), y de que el lugar donde vas a pintar (si no es una cabina de pintura) también lo está; puede ser útil regar el suelo y las paredes para impedir que se levante polvo.

Las bayetas que utilices han de estar bien limpias, y han de ser preferiblemente de microfibra (recogen mejor los residuos y no dejan restos).

Puedes utilizar un pulverizador para dosificar el desengrasante sobre la superficie.

Proyectar aire comprimido durante la fase de soplado sobre paredes y suelo.

Utilizar trapos que suelten virutas, como el papel de celulosa o bayetas absorbentes (tipo Villeda). Si usas trapos que no sean de microfibra, primero debes extender el desengrasante con uno y secar con otro.

Apoyar las manos sobre la superficie desengrasada; podemos dejar restos de sudor y grasa.

Aplicar la pintura

Llegados a este punto, damos por concluida la fase de preparación, y pasamos a la fase de pintado.

Esta fase consiste en la aplicación de pintura de acabado, por lo que es la parte más compleja, pero, a su vez, más gratificante.

Antes de comenzar, vamos a clarificar algunos conceptos de interés.

Todos los automóviles incorporan una placa o pegatina donde se especifica el código de color del vehículo en cuestión.

Dependiendo del fabricante del coche esta placa se ubica en uno u otro sitio. Además, cada uno de ellos emplea una nomenclatura particular para definir los códigos. Esto no debe preocuparnos, no necesitamos descifrar una especie de mensaje encriptado, tan solo debemos localizar la placa y copiar el código; tu proveedor de pintura te proporcionará el color extrayendo la fórmula de color en base al código que le has facilitado. Con respecto a la identificación del color, hay una cosa más que hemos de tener en cuenta. Todos los colores pueden tener más de una variante; esto significa que, dentro de un mismo código, puede haber diferentes matices (más claro, más oscuro, más rojo, azul...). Esto sucede porque existen varios fabricantes de pintura, y en las factorías de automóviles se sirven de uno u otro proveedor según sus intereses. Cada fabricante de pintura utiliza sus propios pigmentos, lo que propicia que cada uno alcance el color en cuestión, dentro de unos márgenes de tolerancia aceptables por el fabricante de vehículos. A esto además hay que añadir que, en la industria el repintado (talleres de carrocería), todavía existen más fabricantes de pintura que entran en juego, lo que significa que cada uno aporta sus tolerancias aceptables para alcanzar un color concreto. El resultado es que, dentro de este mapa de tolerancias, puede ser que entre un extremo y otro existan diferencias inaceptables, lo que convierte la identificación exacta del color en una tarea algo más compleja de lo que puede parecer. Esto no debe plantearnos ningún problema si pintamos un vehículo completo, pero si puede crear dificultades si pintamos una o dos piezas (por ejemplo, una aleta o una puerta); una leve diferencia de matiz puede hacer que el color no se vea bien. La solución a este problema es muy sencilla, no necesitamos ser colorimetristas expertos, tan solo debemos aprender una técnica sencilla y asequible para todo el mundo: la técnica de difuminado. Gracias a ella podemos hacer que un color que no se exacto se integre dentro de una pieza progresivamente, convirtiendo cualquier diferencia en absolutamente imperceptible por el ojo humano. Hablaremos de esta técnica con más detalle en una ficha. Los colores de carrocería pueden ser de diferente naturaleza según sea el tipo de pigmento que los componen.

En términos generales se pueden catalogar de la siguiente manera:
-Colores sólidos: son colores llenos, homogéneos, no presentan ninguna partícula que destaque. Los más comunes son el blanco, rojo, negro, amarillo.

-Colores metalizados: son colores que incorporan partículas de aluminio en su composición, que les proporcionan una reflexión de la luz especial, con efecto metálico.

-Colores perlados: incorporan partículas de mica, a veces nácar, y otras similares de origen sintético, que proporcionan al color reflejos de diferentes tonalidades.

-Colores metalizados/perlados: incorporan ambos tipos de pigmentos.

Técnicamente hablando, los acabados se clasifican según el tipo de aplicación que necesita cada color.

A saber:

-Acabado monocapa.

Se aplica en una sola capa (esmalte acrílico).

El color y el brillo aparecen simultáneamente.

Este tipo de acabado solo se ofrece para colores sólidos.

-Acabado bicapa.

Se aplica en dos capas.

La primera capa es el color (capa de base). Su aspecto es mate cuando seca.

La segunda capa es laca (o barniz). Proporciona protección y brillo al color.

Este acabado es aplicable a colores metalizados, perlados y sólidos.

-Acabado tricapa.

Se aplica en tres capas.

La primera capa es un color de fondo (capa de base). Suele ser sólido.

La segunda capa es un efecto (capa de efecto).

Suele ser un color perlado muy transparente.

La tercera capa es el barniz.

Este acabado se aplica a colores perlados. Es lo más habitual en blancos perlados.

En resumen, la mayoría de los colores se realizan en acabado bicapa.

Solo los colores sólidos pueden realizarse en acabado monocapa, aunque es mejor realizarlos en bicapa por durabilidad y resistencia.

Algunos colores especiales perlados (blanco perlado, por ejemplo) requieren una acabado tricapa.

No debemos preocuparnos en escoger uno u otro tipo de acabado, con el código de color del vehículo, el proveedor de pintura determina qué tipo de acabado necesita cada color.

Según sean las características químicas de la pintura, así se será el modo de empleo y las aplicaciones de esta.

En automoción, lo más habitual es lo que sigue:
-Esmalte monocapa acrílico:
Es una pintura de brillo directo, por lo que no necesita una segunda capa de laca.
Es el tipo de pintura que se usa en acabados monocapa.
Sólo es aplicable a colores sólidos.
El modo de preparación es mezclar los diferentes tintes (según formula de color) añadiendo catalizador y diluyente (según proporción indicada por el fabricante), para que tenga lugar el secado del producto.
El método de aplicación viene determinado por la ficha técnica del producto, y suele ser de 2 manos completas con un intervalo de evaporación entra ellas de 5 a 10min.
La pistola más apropiada para su aplicación es de tecnología hibrida con un pico de fluido de 1´3mm.
La vida útil de la mezcla es de aproximadamente 1h una vez que se ha mezclado con el catalizador.

El secado de la pintura tiene lugar en aproximadamente 30min a una temperatura de 60°C (secado forzado en horno). Si se deja secar al aire el tiempo es de al menos 12h.

La limpieza de la herramienta se realiza con disolvente de limpieza.

Su principal ventaja reside en la rapidez de aplicación, ya que nos ahorramos la capa de barniz.

Su principal inconveniente radica en que el pigmento no queda tan protegido de la intemperie como en un acabado bicapa.

Es por eso por lo que algunos colores (sobre todo rojo) pierden mucha pigmentación con el paso del tiempo.

La gran mayoría de fabricantes de vehículos optan por dar un acabado bicapa a sus colores sólidos por este motivo.

-Capa de base

Es una pintura que proporciona color. Se obtiene como resultado de la mezcla de diferentes tintes (según formula de color) y diluyente para ajustar su viscosidad.

El secado de la pintura tiene lugar por evaporación, por lo que no necesita catalizador.

Es el tipo de pintura empleada en acabados bicapa (y tricapa).

Es aplicable a todo tipo de colores, ya sean sólidos, metalizados o perlados.

Su aspecto al secar es mate. Siempre necesita una segunda capa de laca que proteja el pigmento y proporcione brillo.

El método de aplicación viene determinado por la ficha técnica del producto, y suele ser de 2 manos completas más un pulverizado de control, con un intervalo de evaporación entra ellas de 10 a 20min.

La pistola más apropiada para su aplicación es de tecnología HVLP con un pico de fluido de 1´3mm.

La vida útil de la mezcla depende de las indicaciones del fabricante, pero puede ser de meses si se almacena en un recipiente perfectamente tapado.

Existen dos tipos de capa de base según sea la naturaleza del diluyente de ajuste de viscosidad y las resinas empleadas en su composición.

-Base disolvente: el diluyente es disolvente acrílico. Son bastante contaminantes por la alta emisión de componentes orgánicos volátiles a la atmosfera (disolventes). Su uso no está permitido en talleres de carrocería en la UE. Se caracteriza por una excelente capacidad de evaporación.

-Base agua: el diluyente es un producto derivado del agua. Son más respetuosas con el medio ambiente. La evaporación es algo más lenta, pero tiene buenas propiedades de cubrición y facilidad de uso. Es el tipo más extendido en la actualidad.

El secado de la pintura tiene lugar en 10 o 20min, cuando la pintura adquiere el aspecto mate; en este momento ya está lista para recibir la capa de laca.

La limpieza de la herramienta se realiza con disolvente de limpieza, si la pintura es base disolvente, o con agua (preferiblemente caliente y con algún tipo de detergente especifico) si es base agua.

-Barniz

Es una pintura transparente que proporciona protección y brillo al color.

Es de naturaleza acrílica, por lo que necesita catalizador y diluyente para que reaccione químicamente y se produzca el secado del producto.

La proporción de mezcla viene determinada por el fabricante del producto.

Se utiliza como ultima capa en todos los acabados bicapas y tricapas.

El método de aplicación viene determinado por la ficha técnica del producto, y suele ser de 2 manos completas con un intervalo de evaporación entra ellas de 5 a 10min.

La pistola más apropiada para su aplicación es de tecnología hibrida con un pico de fluido de 1´3mm.

La vida útil de la mezcla es de aproximadamente 1h una vez que se ha mezclado con el catalizador.

El secado de la laca tiene lugar en aproximadamente 30min a una temperatura de 60ºC (secado forzado en horno). Si se deja secar al aire el tiempo es de al menos 12h.

La limpieza de la herramienta se realiza con disolvente de limpieza.

A continuación, se describe, de manera general y extensible a cualquier tipo de producto empleado en repintado de automóviles, los parámetros clave para tener en cuenta cuando aplicamos pintura con pistola aerográfica.

La aplicación con pistola es una tarea muy fácil, pero que requiere un poco de práctica hasta que nos familiaricemos con el método. Es por eso por lo que te invitamos a que practiques un poco con cosas sencillas, como el pintado de piezas sueltas, hasta que te sientas cómodo y consigas buenos resultados.

Una vez hayas cogido el truco, te atreverás con cualquier cosa, y, lo que es seguro, es que te vas a divertir enormemente durante todo el proceso.

Regulación de la pistola

Las pistolas que tomamos como referencia, por ser las más utilizadas, son de gravedad.

Esto quiere decir que el depósito de pintura está en la parte de arriba de la pistola, por lo que el producto se introduce en el canal de aplicación por efecto de la gravedad.

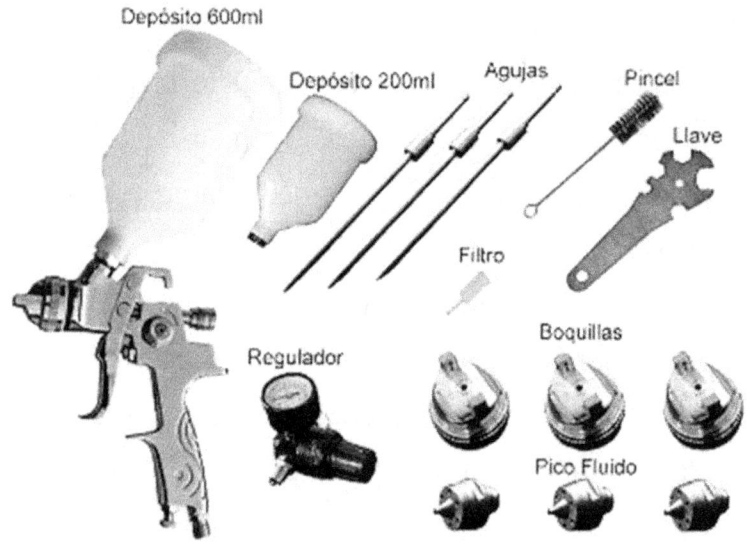

Despiece de una pistola

Hay tres parámetros que regular en una pistola aerográfica: longitud del abanico, caudal y presión de entrada.

-Longitud del abanico: Las pistolas aerográficas atomizan la pintura en forma de abanico cuando salen del cabezal. Este abanico genera una huella de forma elíptica si aplicamos pintura sin desplazar la pistola. Ha esta huella se le denomina patrón de pulverizado. Pues bien, la regulación de longitud de abanico actúa sobre la altura de este patrón. Lo normal es trabajar con la máxima longitud de este, por lo que este regulador debería estar abierto al máximo.

-Caudal: El regulador de caudal actúa sobre la aguja que permite u obstruye el paso de producto a través del pico de fluido. Cuando reducimos caudal, limitamos el recorrido de la aguja hacia atrás, obstaculizando la salida de producto. Cuando aumentamos caudal, el efecto es el inverso, aumentamos el recorrido del a aguja hacia atrás, liberando el paso de producto. La regulación del caudal depende, fundamentalmente, de nuestro ritmo de aplicación, o lo que es lo mismo, la velocidad a la que desplazamos la pistola a lo largo del objeto; a más velocidad, más caudal. A menos velocidad, menos caudal.

-Presión de entrada: La entrada de aire comprimido en la pistola hay que regularla. La presión adecuada viene determinada por el tipo de producto a aplicar. Lo más habitual es aplicar la capa de base (bicapa) entre 1,8 y 2 bar, y el barniz y el esmalte monocapa entre 2 y 2,5 bar.

Posición de la pistola: 90°

Distancia de aplicación: 15cm.

La pistola ha de mantenerse a una distancia constante del objeto durante todo su desplazamiento.

Esta distancia ha de ser de aproximadamente 15cm del objeto a pintar.

Lo primero de todo es coger bien la pistola. Lo correcto es agarrarla firmemente por la empuñadura con nuestra mano hábil, y colocar los dedos índice y corazón sobre el gatillo.

Después, aproximamos la pistola a la pieza que vamos a pintar, y la colocamos de manera que el eje longitudinal del cabezal de pulverización de la pistola quede completamente perpendicular al objeto a pintar.

Existe un método de comprobar la distancia de aplicación rápido y efectivo; en una de nuestras manos, extendemos el dedo índice y pulgar formando un ángulo de 90 grados entre ellos. Si colocamos la punta del dedo índice sobre el objeto, y apoyamos el cabezal de la pistola sobre la punta del dedo pulgar, obtendremos la distancia correcta.

Movimiento de la pistola

La pistola ha de estar siempre en movimiento mientras está proyectando pintura. Si se queda quieta provocará una sobrecarga. La pistola ha de trazar ráfagas, paralelas entre sí, en ambos sentidos (de derecha a izquierda, y de izquierda a derecha), empezando por la parte superior del objeto y terminando en la inferior (también es posible hacerlo a la inversa; de abajo a arriba). La longitud de la ráfaga ha de ser la justa para que no tengamos que desplazar los pies, lo que nos restaría precisión. Podemos tomar como referencia el tamaño de una pieza más una cuarta, por ejemplo.

Solapado de las ráfagas

Con el fin de repartir uniformemente la cantidad de pintura en toda la pieza, tenemos que solapar las ráfagas. Esto significa que cada ráfaga tiene que montarse parcialmente en la anterior. Podemos aplicar una regla sencilla que garantiza el solapado correcto; el ancho de la ráfaga (que es igual a la longitud del abanico) lo dividiremos (mentalmente) en cuatro partes. La siguiente ráfaga (en sentido contrario) ha de cubrir nuevamente tres de esas cuatro partes, y así con todas las ráfagas que necesitemos hasta terminar la pieza.

El orden de pintado cobra más importancia cuanto mayor es el número de piezas que tenemos que pintar.

3ª ráfaga (a derechas).

2ª ráfaga (a izquierdas).

1ª ráfaga (a derechas).

Tenemos que tener siempre claro un concepto: hay que darle continuidad al pintado de las piezas para conseguir un buen fundido de la pintura entre una pieza y otra. Es decir, hemos de pintar una pieza seguida de la adyacente, y así sucesivamente.

Cuando pintamos un lateral, no supone ninguna dificultad, pues se puede empezar por la aleta delantera y terminar en la trasera, pero ¿Qué sucede cuando tenemos que pintar un vehículo completo? La mejor opción es empezar siempre por el techo, comenzando por el lado izquierdo (de fuera hacia dentro) y terminar en el derecho (de dentro hacia fuera). En el mismo pintado del techo, bajaremos con la pintura por los montantes hasta la línea de cintura del vehículo (la línea de las ventanas laterales). Debemos de tener en cuenta que la niebla de pulverización va hacia abajo, por lo que siempre tenemos que empezar por las zonas altas.

Después pasaremos a pintar todo el contorno del vehículo. Aquí, planteamos dos alternativas:

Si se trata de un vehículo de dos volúmenes (con portón en lugar de capó en el maletero), puede que tengamos en la parte de atrás del vehículo una zona (por ejemplo, donde se coloca el piloto trasero) donde la aleta y el portón tienen una superficie de contacto muy pequeña, debido al vano del piloto. Este podría ser lugar adecuado para hacer un solapado. Comenzaríamos pintando por el portón, luego un lateral, seguido del capo, y por último el otro lateral hasta esa zona estrecha de contacto con el portón, que nos disimulará cualquier deficiencia en el fundido de la pintura.

Si trata de un vehículo de tres volúmenes (con capó en el maletero), comenzaríamos en la unión de la puerta delantera del acompañante y la aleta delantera, asegurándonos de dejar bien húmeda esa zona, para seguir hacia atrás hasta el capo trasero, continuando por el lateral izquierdo de atrás hacia adelante, después el capo desde el lado izquierdo al derecho, y, por último, la aleta delantera derecha. Esta zona absorbe muy bien la pulverización y funde muy bien.

Cuando pasamos de una pieza a otra, hemos de tener muy claro hasta donde se ha llegado con la ráfaga de pintura en la primera pieza, para que cuando pintemos la siguiente no volvamos a aplicar pintura otra vez en el mismo sitio y provoquemos una sobrecarga. Probablemente, para empezar, lo más sencillo sea coger la propia pieza como referencia y no sobrepasar ese límite durante el desplazamiento de la pistola. El único inconveniente es que en los cantos de las piezas puede acumularse un pequeño exceso de pintura debido a que es el lugar donde la pistola hace el cambio de sentido hasta en dos ocasiones (una por pieza).

El método de aplicación del color depende del tipo de pintura que utilicemos y del tipo de color:

Si se trata de esmalte monocapa (recordemos; solo para colores sólidos), lo aplicaremos en dos manos, dejando un intervalo de evaporación entre ellas de 5 a

10 min. La primera de las manos conviene que no sea muy húmeda, con el fin de que no se dilate excesivamente el tiempo de evaporación. La segunda mano se aplica más mojada, pero cuidando no sobrecargar la superficie, pues pueden provocarse descolgaduras de pintura. El punto justo de carga de material tiene lugar cuando se obtiene una superficie brillante y una textura de la pintura con una estructura fina, casi lisa.

Diámetro de pico de fluido: 1,3 mm.

Tecnología pistola: gravedad, hibrida.

Presión de aplicación: de 2 a 2,5 bar.

Regulación caudal: dependiendo de la velocidad de desplazamiento de la pistola.

Longitud de abanico: máxima.

Si se trata de capa de base bicapa, se aplicará dependiendo del tipo de color:

Si es un color sólido, se aplicará a dos manos completas, dejando evaporar hasta mate entre ellas.

Si es un color metalizado o perlado, se aplicará a dos manos completas, dejando evaporar hasta mate entre ellas, más una mano muy fina (pulverizado de control), con la pistola más alejada del objeto (aproximadamente a 30cm) y con menor caudal de pintura. Esta última mano estabiliza el color, dejándolo homogéneo y uniforme (sin nubes o ráfagas).

Diámetro pico de fluido: 1,3 mm.

Tecnología pistola: gravedad, HVLP.

Presión de aplicación: de 1,8 a 2 bar.

Regulación caudal: dependiendo de la velocidad de desplazamiento de la pistola.

Longitud de abanico: máxima.

La aplicación de la laca es muy similar a la aplicación del esmalte monocapa. La diferencia es que la laca (o barniz) es una pintura completamente transparente y se aplica sólo sobre la capa de base bicapa. Cuando la capa de base ha secado completamente (su aspecto es totalmente mate), es el momento de aplicar barniz.

Lo aplicaremos en dos manos, dejando un intervalo de evaporación entre ellas de 5 a 10 min. La primera de las manos conviene que no sea muy húmeda, con el fin de que no se dilate excesivamente el tiempo de evaporación. La segunda mano se aplica más mojada, pero cuidando no sobrecargar la superficie, pues pueden provocarse descolgaduras de barniz. El punto justo de carga de material tiene lugar cuando se obtiene una superficie brillante y una textura de la pintura con una estructura fina, casi lisa.

Diámetro de pico de fluido: 1,3 mm.

Tecnología pistola: gravedad, hibrida.

Presión de aplicación: de 2 a 2,5 bar.

Regulación caudal: dependiendo de la velocidad de desplazamiento de la pistola.

Longitud de abanico: máxima.

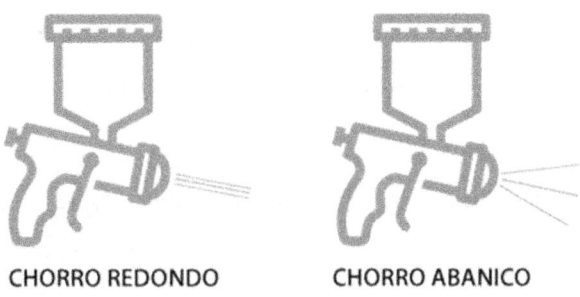

CHORRO REDONDO   CHORRO ABANICO

Posición correcta

Técnicas de pintado

Difumado

La colorimetría estudia la naturaleza del color, el comportamiento de este según el tipo de luz, y como es percibido este por el ojo humano. Sin profundizar demasiado en este campo, tan solo hemos de decir que se trata de un mundo tan apasionante como complejo. En el repintado de automóviles, la colorimetría representa un papel crucial. Una desviación muy leve de color en una reparación parcial puede desmerecer todo el trabajo. La amplísima gama de colores de automóviles, la gran variedad de efectos diferentes, y la multitud de fabricantes de pintura, cada cual, con sus propios pigmentos y tolerancias con respecto a los colores originales de los vehículos, convierten la tarea de ajuste de color en una misión casi imposible. Absolutamente ningún fabricante de pintura puede garantizar un ajuste al 100% de los colores pintando a corte en todos los casos. Afortunadamente, contamos con una técnica muy sencilla que nos permite igualar colores, aunque estos no ajusten a corte, lo que nos garantiza una reparación imperceptible y de máxima calidad. Esta técnica se llama difuminado.

El difuminado consiste en aplicar color degradando progresivamente la cantidad de pintura, de más a menos, y de manera que exista una transición suave. El objetivo es que al final de la pieza no se haya aplicado nada de color, de modo que queda preservado el color original, que entendemos que ajusta perfectamente con el resto del vehículo. Una vez concluida la aplicación de color difuminado, se aplica barniz a toda la pieza.

Lógicamente, esta técnica sólo es aplicable a un acabado bicapa (o tricapa), debido a la necesidad de aplicar barniz.

La preparación de la superficie para difuminar ha de realizarse cuidadosamente, ya que debemos emplear granos de lija suficientemente finos como para que el barniz los cubra y no aparezcan huellas, además de que se ha de evitar a toda costa alcanzar capas inferiores en las zonas limítrofes de la pieza a pintar, lo que nos obligaría a aplicar color en dichos alcanzados imposibilitando así el difuminado.

Según la magnitud del área reparada, el difuminado puede realizarse de dos maneras:

- Dentro de la misma pieza.
- En la/s pieza/s adyacentes.

Difuminado en la misma pieza

En ocasiones, el daño reparado es pequeño y este situado lejos del corte con otra pieza. Si es así, podemos difuminar dentro de la misma pieza.

1: Aplicar una mano de color sobre el parche, sin extendernos demasiado, y procurando hacer un desvaído de pintura, en todas direcciones, al final del parche.

1ª mano de color: Solo al parche, degradando la cantidad de pintura de dentro a fuera.

2: una vez evaporada hasta mate la 1ª mano, aplicar una segunda mano hasta cubrir completamente el parche, extendiéndonos más, y realizando nuevamente un desvaído al final del parche. Es muy importante no llegar con el color a los extremos de la pieza.

2ª mano de color: extendiéndonos más, degradando la cantidad de pintura de dentro hacia fuera. Cubriendo totalmente el parche, y sin llegar a los extremos de la pieza.

3 (colores metalizados/ perlados): una vez evaporada hasta mate la 2ª mano, aplicar mano pulverizada para igualar el color, procurando no llegar a los extremos de la pieza.

4: Aplicar dos manos de barniz a toda la pieza.

Difuminado en pieza adyacente

A veces, el daño reparado es demasiado grande, por lo que es necesario aplicar color a toda la pieza. También puede suceder que se trate de una pieza nueva. En estos casos lo que debemos hacer es realizar el difuminado sobre la pieza, o piezas, adyacentes. Hay que aclarar que el difuminado sólo suele ser necesario cuando pintamos piezas del lateral del vehículo, ya que el corte con los capós y paragolpes suele estar en planos diferentes, lo cual camufla (o justifica) pequeñas diferencias de tonalidad. Es decir, en caso de pintar una aleta delantera, sólo se difuminaría la puerta delantera.

Difuminado sobre pieza adyacente

1: aplicar una mano de color sobre la pieza dañada, y levemente sobre pieza adyacente.

2: una vez evaporada hasta mate la 1ª mano, aplicar una 2ª mano a la pieza dañada hasta cubrir. Después, aplicaremos color sobre la pieza adyacente degradando la cantidad de pintura desde la pieza reparada hasta el extremo opuesto, procurando hacer el difuminado en oblicuo.

3: una evaporada hasta mate la 2ª mano, aplicar pulverizado de control sin llegar al extremo de la pieza adyacente.

4: aplicar dos manos de barniz a todas las piezas.

Colores complejos

Algunos colores son difíciles de difuminar. Estos colores son los plateados y todos sus derivados (champan, gris ceniza…).

Esto sucede porque en dichos colores existe una gran cantidad de partículas de aluminio. Estas partículas se colocan en el soporte según se aplica la pintura de mojada, por lo que, en la zona del desvaído, donde se moja muy poco con la pintura, el aluminio se coloca diferente del resto. Esto provoca que el cerco del parche se vea oscurecido. Para difuminar estos colores se requiere el empleo de un producto (barniz o resina de difuminado).

El modo de empleo es el siguiente

Antes de aplicar la segunda mano de color, en cualquiera de las modalidades de difuminado, aplicaremos este producto en toda la zona donde vamos a realizar el desvaído con el color, extendiéndonos cuanto sea necesario. Después, sin dejar secar este producto comenzamos a aplicar la 2ª mano de color difuminando sobre la resina de difuminado húmeda. El aluminio, al caer sobre este colchón húmedo, se coloca perfectamente, por lo que no se nota ningún cerco.

Reparaciones de las partes de plástico

Un número elevado de elementos de la carrocería de un automóvil son de material plástico. Estos pueden ser paragolpes, aletas delanteras, molduras, manecillas.

En los vehículos actuales, generalmente, se pintan del mismo color que el resto de la carrocería.

Este tipo de material, debido a su naturaleza, tiene unas características diferentes a las del metal, las cuales no se deben ignorar a la hora de proceder al repintado.

Antes de continuar, vamos a repasar, muy brevemente y sin profundizar demasiado, como se clasifican los plásticos según su comportamiento:

-Plásticos termoplásticos: Se denominan así a aquellos que se deforman con la aplicación de calor.

Son los más comunes en el automóvil. Algunos ejemplos son PP, PE, ABS, PVC.

El PP (polipropileno puro) y el PE (polietileno) no son plásticos pintables.

Solo el PP combinado con otro tipo de plástico (por ejemplo, PP+EPDM puede pintarse.

-Plásticos termo estables: Estos plásticos apenas admiten deformación plástica (son rígidos). Si se les aplica calor, no se deforman; se queman (pirolisis). Algunos ejemplos son baquelita, algunas resinas.

-Elastómeros: Estos plásticos admiten grandes deformaciones elásticas con esfuerzos pequeños. El caucho es un ejemplo.

-Composites: También encontramos en el automóvil algunos materiales que son la combinación de una resina plástica, generalmente termoestable, y algún otro material como la fibra de vidrio o de carbono. Su comportamiento es análogo al de la resina que lo compone.

En lo que ha repintado se refiere, las dos principales peculiaridades que hemos de tener en cuenta son las siguientes:

-Flexibilidad: el plástico es un material flexible, por lo que tiene la capacidad de deformarse y recuperar nuevamente su forma original (dentro de unos límites).

-Adherencia: las condiciones de adherencia de algunos materiales de pinturas sobre el plástico son críticas, por lo que requieren un tratamiento específico.

Estas dos características implican que los materiales de pintura que apliquemos sobre material plástico han de reunir unas condiciones de flexibilidad y adherencia adecuadas.

Existen algunos productos específicos para plástico, como pueden ser masillas de poliéster o aparejos especiales, y, además, existen aditivos e imprimaciones que confieren a materiales convencionales propiedades de flexibilidad y adherencia aptas para materiales plásticos. Estos son aditivos elastificantes e imprimaciones adherentes.

El proceso de preparación de los materiales plásticos presenta algunas diferencias en el modo de trabajarlo y los materiales empleados.

Lijado del plástico

En las fases iniciales de preparación de plásticos debemos emplear granos más finos que los que utilizamos sobre metal.

Esto es porque el plástico se descompone rápidamente si empleamos granos gruesos (como P80) formando virutas de material sobre la superficie lijada.

Estas virutas son difíciles de eliminar posteriormente con lijados sucesivos, y tampoco se pueden cubrir fácilmente con algunos materiales como el aparejo.

El grano óptimo para las fases iniciales de preparación del plástico (antes de enmasillar) es P240 (excepcionalmente P150).

Paragolpes repintado

Enmasillado

El enmasillado ha de realizarse con una masilla específica para plástico, que reúna propiedades de flexibilidad y adherencia directa sobre plástico.

Fondeado

Como en el caso de la masilla, sobre plástico debemos aplicas un aparejo específico con propiedades de flexibilidad y adherencia directa.

También tenemos la opción de aditivar un aparejo convencional con aditivo elastificante, para proferirle propiedades flexibles, y aplicar una imprimación adherente antes de fondear para garantizar la adherencia del aparejo.

Limpieza

El plástico tiene la peculiaridad de acumular carga electrostática con mucha facilidad.

Ello puede provocar la atracción de partículas en suspensión durante la fase de pintado, generando sedimentos en la pintura.

Es por ello por lo que hemos de proceder aplicando un desengrasante específico para plástico que elimine la carga electrostática.

Capa de base

La aplicación de color no requiere ninguna acción diferente a la aplicación sobre metal. Se aplica exactamente igual y el producto es el mismo.

Aplicación de barniz

Los barnices de hoy en día tienen propiedades de flexibilidad adecuadas para materiales plásticos.

No obstante, se pueden potenciar estas propiedades con la adición de aditivo elastificante.

	LIJADORA	A MANO SECO	A MANO HUMEDO
DECAPADO	P240 (P150)	P320 (P240)	P320/P400
LIJADO MASILLA	P240	P320 (P240)	----
LIJADO CONTORNO	P320	P400/P500/esponjilla fina	----
LIJADO APAREJO	P400	P600/P800/esponjilla superfina	P800/P1000
MATIZADO	P800	Estropajo gris/esponjilla microfina	Estropajo dorado + pasta matizante

PRODUCTO	ESPECIFICO	CONVENCIONAL	IMPRIMACIÓN ADHERENTE	ADITIVO ELASTIFICANTE
MASILLA	SI	NO	NO	NO
APAREJO	SI	SI	SI (solo con aparejo convencional)	SI (solo con aparejo convencional)
LIMPIADOR	SI	NO	---	---
CAPA DE BASE	NO	SI	NO	NO
BARNIZ	NO	SI	NO	OPCIONAL

Corrigiendo defectos

Una vez concluido todo el proceso de repintado, es posible que hayan quedado pequeños defectos en la superficie de la pintura. Las personas más exigentes que buscan un trabajo perfecto, no se conforman con un acabado que presente imperfecciones. La buena noticia es que la mayoría de estas imperfecciones se pueden corregir a posteriori. Los defectos corregibles, son sólo aquellos que suceden durante la aplicación de la pintura, y más concretamente del barniz. Todos los defectos que sean consecuencia de una preparación deficiente no suelen tener solución, a no ser que se repinte la pieza afectada.

Los defectos que nos encontramos con más frecuencia son los siguientes:

Inclusiones de suciedad (comúnmente motas): son pequeñas incrustaciones, de algún tipo de partícula, en el barniz durante el proceso de aplicación. Forman un pequeño relieve en la superficie del barniz.

Descolgaduras: son excesos de barniz, que forman una especie de "lagrimas", y que se originan en aquellos lugares donde se ha sobrecargado con el material. Si la descolgadura es de tamaño considerable, la mejor opción puede ser repetir la pieza afectada.

Piel de naranja: es una textura excesivamente rugosa del barniz, que le proporciona un aspecto basto.

Las causas son muy variadas (más adelante analizaremos las principales causas de los defectos en el repintado de automóviles, y veremos que tenemos que hacer para evitarlos).

Corregir un defecto consta de 2 pasos

    1: Rectificado

    2: Pulido

La primera fase consiste en eliminar el defecto. Como hemos observado, los defectos son, en definitiva, relieves, exceso de producto, o desniveles en la superficie del barniz. Por tanto, la solución pasa por lijar dicha superficie hasta obtener la nivelación apropiada, eliminando todo el producto que sea necesario.

Lógicamente, el barniz ha de estar perfectamente seco (aproximadamente 48h de secado al aire). Necesitamos un taco con forma plana y con un tamaño apropiado para el defecto que tenemos que corregir, ya que la operación de rectificado se puede hacer a mano.

El taco nos ayudará a conseguir una nivelación correcta de la superficie.

Hemos de prestar mucha atención de no alcanzar las capas inferiores durante el rectificado; de ser así, nos veríamos obligados a repetir la pieza, ya que aquellos lugares donde se ha eliminado por completo la capa de laca no pueden ser pulidos posteriormente.

Las lijas empleadas en este proceso, como es obvio, han de ser de granos muy finos y preferentemente al agua.

En la fase inicial de nivelado del defecto podemos empezar por un grano P1500 o P2000, hasta conseguir una nivelación perfecta. Después, afinaremos con P3000 (o similar) para rebajar el arañazo provocado, facilitando así la posterior fase de pulido.

En el caso de una descolgadura podemos emplear granos más gruesos, por ejemplo, P800, ya que debemos eliminar una buena cantidad de material. Después, debemos afinar progresivamente con granos intermedios hasta llegar a P3000. En estos casos hemos de prestar mucha atención de no lijar en exceso la zona periférica de la lágrima, donde la laca tiene un espesor normal, y es fácil alcanzar capas inferiores con lijas gruesas. Podemos proteger dicha zona de algún modo, para no dañarla durante la fase inicial del rectificado. Un truco sencillo puede ser aplicar una capa muy fina de masilla de poliéster alrededor de la lágrima; de esta manera estaremos seguros de no lijar esta zona mientras rebajamos el exceso de laca. Una vez eliminado el defecto, sólo tenemos que lijar la masilla hasta que desaparezca.

Una vez rectificado el defecto, la zona que ha sido lijada queda sin brillo.

La fase de pulido consiste en devolver el brillo a aquella zona que ha sido lijada.

Lo más apropiado es disponer de una pulidora. Si no disponemos de una, podemos hacerlo con cualquier herramienta de movimiento circular (por ejemplo, una taladradora o una amoladora) a la que se le pueda regular la velocidad de giro y se le pueda adaptar el soporte de las boinas de pulido.

Existen colores más complejos que otros a la de pulir; en general, cuanto más oscuro es el color, más delicado es el pulido. La operación de pulido, si bien restaura el brillo, puede dejar una huella en estos colores en forma de micro arañazos, que son, sobre todo, visibles a la luz del sol. Estos micro arañazos se denominan hologramas.

Es por eso por lo que el pulido se divide en tres pasos; los colores más sencillos pueden terminarse en único paso, y los más complejos hasta en 3 pasos:

1. Devastado: Se utiliza un devastador de corte rápido y una boina de dureza apropiada. En esta fase se eliminan completamente las marcas de lijado provocadas durante el rectificado del defecto. En general, con un par de aplicaciones de devastador sobre la superficie a pulir, ha de ser suficiente. No obstante, se ha de insistir hasta estar completamente seguro de haber hecho desaparecer las marcas de lijado. En colores claros, este paso puede ser suficiente.

2. Abrillantado: Una vez eliminadas las marcas de lijado, hemos de atenuar las marcas del devastado. Para ello se emplea un pulimento de corte medio y una boina de dureza media.

Aplicaremos producto sobre la superficie devastada, extendiéndonos un poco más. Repetiremos la operación hasta atenuar completamente las huellas de devastado. En la gran mayoría de colores este paso puede ser definitivo.

3. Tratamiento antihologramas: Concluido el abrillantado, es posible que determinados colores (negros, azul oscuro…) presenten una pequeña huella de pulido, parecida a una tela de araña.

El tratamiento antihologramas se aplica con un pulimento ultrafino y una boina blanda.

Se aplica producto sobre la superficie abrillantada extendiéndonos un poco más. Se repite la aplicación hasta obtener el resultado deseado. En esta ficha pretendemos describir las claves teóricas que propician los mejores resultados en un aspecto determinante en el proceso de preparación de superficies. Este aspecto determinante es el sistema de lijado. El sistema de lijado es el modo en el que lijamos los diversos materiales en cada fase del proceso. Antes de proseguir, definiremos algunos conceptos interesantes que nos ayudaran a comprender perfectamente en que consiste el sistema de lijado.

Granulometría

Podríamos definirla como la medida de la rugosidad del abrasivo. Cuanto más rugoso es el abrasivo tiene mayor capacidad de corte y provoca arañazos más profundos; cuanto menos rugoso (o más fino), menor capacidad de corte, arañazos menos profundos y mejor acabado. En Europa, la clasificación de los abrasivos viene determinada por la normativa FEPA.

Los granos más comunes en automoción son P80, P100, P120, P150, P180, P220, P240, P280, P320, P400, P500, P600, P800; siendo P80 más grueso y

P800 más fino. No obstante, no es necesario disponer de todos ellos.

Lijado a máquina

Lijado realizado con ayuda de una lijadora.

La lijadora más utilizada en automóvil es del tipo roto-orbital, con soporte para los abrasivos redondo y de 150mm de diámetro. El movimiento que describe el abrasivo es giratorio combinado con un movimiento orbital (pequeñas orbitas que desplazan el eje central del soporte).

Lijado manual

Lijado realizado a mano sin ayudas mecánicas.

Puede ser aplicando directamente el abrasivo con la mano sobre la superficie a lijar o con la ayuda de un taco. Es más lento que el lijado a máquina, pero proporciona mayor precisión en el lijado. Además, la lijadora no puede acceder a todos los lugares.

Lijado en seco

Lijado que se realiza sin ningún tipo de lubricante (agua) entre el abrasivo y el soporte. Es el más extendido en la actualidad.

Es apto para lijado manual y a máquina.

Lijado al agua

Lijado que se realiza utilizando agua como lubricante.

Salvo casos excepcionales, solo es apto para lijado manual.

Requiere abrasivos específicos y una granulometría especifica.

A continuación, aplicaremos el sistema de lijado a cada fase del proceso

Decapado (lijado del área dañada antes de enmasillar).

1. Lijado a máquina.

Siempre en seco (el agua podría oxidar la chapa desnuda). Utilizar grano P80 (también es válido P150 en daños de poca magnitud o incluso P240 en el caso de arañazos). Lijar hasta eliminar completamente la pintura dañada y degradar convenientemente la transición entre la chapa desnuda y la pintura en buen estado.

2. Lijado masilla

Lijado a máquina o a mano (con taco en formas complejas o si no se dispone de lijadora). Siempre en seco (la masilla es muy porosa y puede retener humedad).

Granulometría: El lijado de la masilla ha de escalonarse afinando con diferentes granos de lija.

Nunca debe producirse un salto superior a dos granos de lija entre un lijado y otro.

Si optamos por el lijado manual con taco, debemos utilizar un grano de lija menos del que utilizaríamos a máquina, pues el arañazo longitudinal que se produce al lijar de este modo es mucho mas visible que el provocado por la órbita de la lijadora.

Lijado 1: P80 (solo para grandes superficies de masilla).

Lijado 2: P150.

Lijado 3: P240.

3. Lijado alrededor del área enmasillada

Lijado a máquina (en lugares donde no accede la lijadora puede usarse esponjilla fina o estropajo rojo a mano).

Lijado en seco.

Utilizar grano P320.

4. Lijado de aparejo

Lijado a máquina o a mano.

Lijado en seco o al agua.

-En seco: P400 (con maquina) y superfina (a mano donde no accede la lijadora).

Sistema más extendido en la actualidad.

-Al agua: P800-P1000 (a mano con taco). Sistema en desuso; únicamente puede ser útil si no se dispone de lijadora.

5. Matizado

Lijado a máquina o a mano.

Lijado en seco o al agua.

-En seco: P800-P1000 (a máquina) y estropajo gris o dorado (a mano donde no accede la lijadora). Sistema más utilizado en la actualidad.

-Al agua: estropajo gris o dorado con agua y pasta matizante (a mano). Sistema casi en desuso; es útil si no se dispone de lijadora.

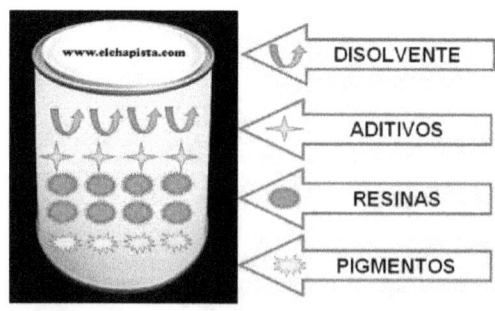

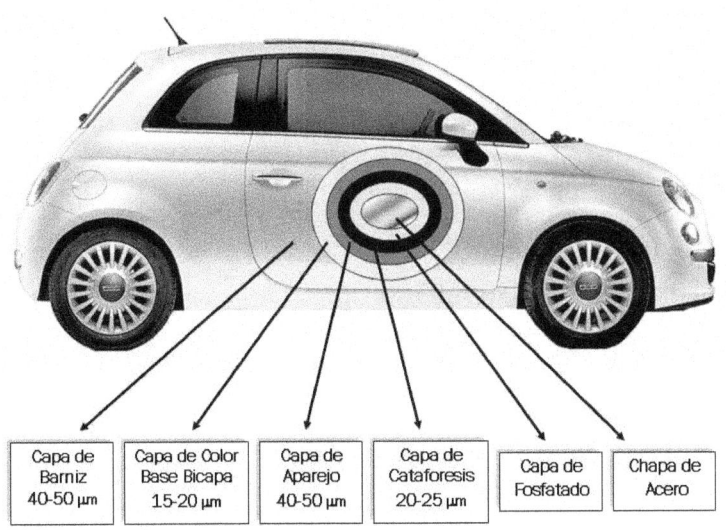

| Capa de Barniz 40-50 µm | Capa de Color Base Bicapa 15-20 µm | Capa de Aparejo 40-50 µm | Capa de Cataforesis 20-25 µm | Capa de Fosfatado | Chapa de Acero |

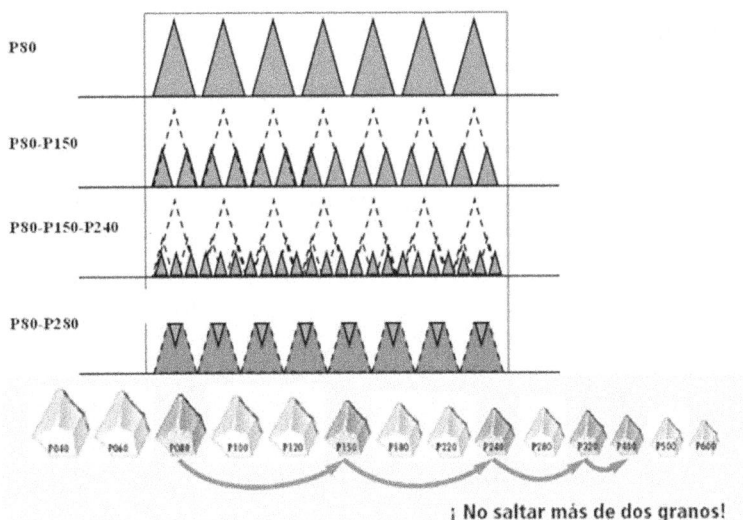

¡ No saltar más de dos granos!

Repintado con aerosol

Pintar un coche con aerosol es una opción realmente útil para reparar pequeños daños estéticos de la pintura.

Las principales ventajas que nos ofrece este sistema son que no necesitamos sofisticadas y caras herramientas (pistolas aerográficas, compresor...), y no se requiere ninguna experiencia en repintado de automóviles.

La pintura para coche en aerosol es, en esencia, igual que la pintura a pistola, aunque con algunos matices. De hecho, muchos talleres profesionales de carrocería utilizan algunos productos en formato de aerosol.

La capa de base o color en aerosol es idéntica a la capa de base para aplicar a pistola. En ambos casos se elabora siguiendo una fórmula que se corresponde con un código de color, facilitado por el fabricante del vehículo, a través de un sistema tintométrico. La única diferencia es que, en el formato aerosol, el color se envasa en un aerosol de carga rellenable.

La imprimación-aparejo y la laca en aerosol si son diferentes respecto de sus homólogos para aplicar con pistola. La diferencia fundamental es que los productos en aerosol suelen ser de 1K (monocomponente), mientras que los que se aplican a pistola suelen ser 2K (2 componentes). Los primeros secan por evaporación y los segundos por la adición de un catalizador (por eso son de 2 componentes).

La laca monocomponente en aerosol es más fina que la laca 2K. Es por eso por lo que necesita mayor número de manos para alcanzar un buen nivel de brillo. No obstante, una vez seca se puede pulir para que adquiera un brillo excepcional.

En resumen, la pintura para coche en aerosol es la alternativa perfecta cuando hablamos de bricolaje del automóvil y cuando no se dispone de herramienta profesional ni experiencia previa. Además, si se conocen las características específicas de estos productos y se utilizan correctamente se pueden obtener resultados realmente profesionales.

El proceso

1. El primer paso consiste en limpiar y desengrasar perfectamente la superficie a pintar.

Con ayuda de un pulverizador, rociaremos disolvente desengrasante sobre la superficie y frotaremos con una bayeta de microfibra hasta eliminar completamente cualquier resto de suciedad.

En caso de no disponer de disolvente desengrasante puede utilizarse agua y jabón, pero hemos de tener en cuenta que algunas sustancias, como el alquitrán, son bastante difíciles de eliminar, por lo que esta limpieza inicial cumple dos funciones: por un lado, nos permite ver con claridad todos los defectos o daños que tiene la pieza que vamos a reparar, y por otro facilita las operaciones de lijado al eliminar sustancias que pueden contaminar el abrasivo restándoles eficacia.

2. El segundo paso es proteger el área adyacente a la reparación colocando cinta de carrocero en las piezas colindantes. El objetivo es protegerlas para que no resulten dañadas durante las operaciones de lijado. Se han de proteger otras piezas pintadas, faros y pilotos, molduras y lunas. Si vamos a lijar insistentemente en una zona muy próxima a otra pieza, puede que la cinta de carrocero no sea suficiente.

En tal caso podemos optar por cinta americana, mucho más resistente, o por colocar un trozo de cartón o similar, la idea es poder lijar sin miedo a provocar daño alguno si se nos escapa la lija, cosa que es bastante probable cuando tenemos que lijar masilla o aparejo.

3. El tercer paso es decapar la pintura dañada.

El decapado consiste en lijar con abrasivo de grano P150 la zona afectada de la pintura hasta encontrar capas sanas.

El decapado cumple la función de eliminar arañazos y desconchados, además de favorecer la adherencia de la masilla de relleno que aplicaremos más tarde para rellenar imperfecciones y abolladuras.

Lijaremos con taco aplicando un movimiento de vaivén sobre la superficie a decapar, pero sin ejercer demasiada presión. Procuraremos en todo momento que la transición entre las diferentes capas que vamos alcanzando sea suave y escalonada.

4. El cuarto paso es desengrasar la superficie decapada.

Rociaremos nuevamente disolvente desengrasante con el pulverizador y frotaremos con la bayeta de microfibra.

Mediante el desengrasado eliminaremos todo el polvo que se ha generado durante el decapado de la pintura dañada.

Prestaremos especial atención al polvo que se introduce en los pliegues y huecos.

Se ha de evitar usar agua para esta operación, ya que es bastante probable que se haya alcanzado chapa durante el decapado, y podría comenzar un proceso de oxidación si se moja.

5. El quinto paso es enmasillar la zona afectada.

El enmasillado consiste en aplicar masilla de relleno para nivelar pequeñas abolladuras o deformaciones de la chapa y otros defectos de la pintura. La masilla de relleno es un producto de dos componentes, es decir que necesita añadir un endurecedor para que tenga lugar el secado.

Este endurecedor se añade en una proporción del 2/3% de la cantidad de masilla, y se remueve bien hasta que la mezcla adquiera un Cuando la mezcla está terminada, se extiende la masilla por la zona afectada con ayuda de unas espátulas. Una vez seca la masilla, después de unos 20 minutos, procederemos a lijar la masilla. El lijado de la masilla consiste en lijar con abrasivo de grano P240* para eliminar el excedente y obtener una superficie perfectamente nivelada. Usaremos un taco, aplicando un movimiento de vaivén sobre el parche de masilla sin ejercer demasiada presión. Para obtener buenos resultados es muy útil comenzar lijando los bordes del parche de masilla, de dentro a fuera, de modo que este quede fundido con la pintura antigua. Una vez conseguido esto, sólo queda lijar el interior del parche hasta nivelar.

6. El sexto paso es afinar la masilla.

El afinado es reducir el lijado de P240 con un abrasivo de grano más fino; P320. La marca de lijado de P320 es mucho más fácil de cubrir con la imprimación-aparejo que aplicaremos más tarde.

Para afinar correctamente la masilla lijaremos con taco aplicando un movimiento de vaivén sin ejercer demasiada presión. Lijaremos toda la superficie lijada con P240, y nos extenderemos un poco más para estar seguros de haber reducido convenientemente toda la marca del lijado anterior. Después de afinar la masilla lijaremos el contorno del parche. El lijado del contorno del parche consiste en lijar con una esponjilla abrasiva fina alrededor del todo el área lijada anteriormente con P320.

Esto se hace para que la marca de lijado, en la zona donde va a terminar el parche de imprimación aparejo, sea un poco más fina.

De este modo garantizaremos una transición suave entre la zona reparada y la pintura en buen estado.

Aplicaremos un movimiento de vaivén con la esponjilla, y prestaremos especial atención en aquellos lugares de difícil acceso. Una vez concluidos todos los pasos de lijado de la masilla, desengrasaremos la superficie de nuevo.

Rociaremos disolvente desengrasante con el pulverizador y frotaremos con la bayeta de microfibra.

Mediante el desengrasado eliminaremos todo el polvo que se ha generado durante el lijado.

Prestaremos especial atención al polvo que se introduce en los pliegues y huecos.

Se ha de evitar usar agua para esta operación, ya que la masilla es bastante porosa y puede absorber mucha humedad que puede provocar algunos problemas posteriormente.

7. El séptimo paso es enmascarar el área adyacente a la reparación.

Este enmascarado se realiza para fondear (aplicar imprimación-aparejo) evitando manchar con el aerosol de aparejo lugares no deseados. Utilizaremos filme de plástico o papel, y cinta adhesiva de carrocero.

Procuraremos dejar suficiente espacio de trabajo para no tener que llegar con la imprimación-aparejo hasta la cinta. Así evitaremos dejar un escalón muy pronunciado con la imprimación que nos costaría mucho trabajo eliminar. Lo que si podemos hacer es utilizar pliegues o juntas con otras piezas para encintar, ya que en este caso el escalón no supone un problema.

8. El octavo paso es el fondeado.

El fondeado consiste en aplicar imprimación aparejo sobre el área reparada.

La imprimación-aparejo tiene el cometido de proteger y sellar la reparación, y de nivelar pequeños defectos de la masilla y de la pintura antigua decapada (marcas de lijado, poros...). Aplicaremos 3/4 manos de imprimación aparejo en aerosol, dejando un intervalo de evaporación entre ellas de unos 5 minutos.

Procuraremos aplicar el producto suficientemente mojado para dejar una superficie lo más lisa posible. Esto facilitará el posterior lijado. Dependiendo del producto y del N° de manos, dejaremos secar el aparejo de ½ h a 2 h.

Una vez seco el aparejo, el siguiente paso es lijarlo.

El lijado del aparejo consiste en lijar la superficie de este con un abrasivo al agua de grano P800.

Mediante el lijado del aparejo nivelamos cualquier defecto leve de la reparación, y proporcionamos un sustrato perfectamente liso y homogéneo para la pintura de acabado. Lijaremos con taco, aplicando un movimiento de vaivén sin ejercer demasiada presión. Hemos de mantener en todo momento la superficie mojada; el agua favorece el deslizamiento del abrasivo y la eliminación del residuo del lijado.

Después de lijar el aparejo pasaremos al matizado.

El matizado consiste en lijar el resto de la pieza con un estropajo abrasivo gris de grano fino. Esta operación puede realizarse en seco o con agua, aunque con agua el resultado es más fino y homogéneo.

Este lijado fino garantiza la adherencia de la pintura de acabado al abrir el poro de la capa de pintura antigua, y permite la aplicación de laca únicamente (sin color), lo cual es muy útil.

Después del matizado podemos dar por concluidas todas las operaciones de lijado. Es el momento de la limpieza previa al enmascarado para pintar. Rociaremos disolvente desengrasante con el pulverizador y frotaremos con la bayeta de microfibra.

En este paso tenemos que quitar la cinta de protección del área adyacente y eliminar todo residuo de lijado. Limpiaremos también las piezas colindantes y los interiores y para esta operación puede usarse agua, siempre y cuando no haya alcanzados de chapa desnuda. Nunca usar jabón.

El siguiente paso es el enmascarado para pintar.

Consiste en cubrir con filme de plástico o papel y cinta adhesiva de carrocero todas aquellas partes del vehículo que no se han de manchar con pintura. Procuraremos ser precisos a la hora de perfilar con cinta los elementos adyacentes, con el fin, no solo de que no se manchen, sino de que no montemos la cinta sobre la pieza que vamos a pintar. Tampoco debemos olvidar sellar convenientemente los interiores de puertas y capós para que no entre pintura en ellos, ni salga suciedad de estos.

9. El noveno paso es la limpieza previa al pintado.

Consiste en desengrasar perfectamente la superficie a pintar y eliminar cualquier resto de polvo u otros residuos.

Rociaremos disolvente desengrasante con el pulverizador y frotaremos con la bayeta de microfibra. Después pasaremos un paño especial atrapapolvo.

En esta fase hemos de ser especialmente cuidadosos con el desengrasado, ya que cualquier residuo oleoso puede provocar rechazos en la pintura de acabado en forma de cráteres. El polvo sobre la superficie también provoca pequeñas imperfecciones que desmerecen el acabado.

El paso siguiente es aplicar la capa de base omcolor.

Consiste en aplicar pintura del color del vehículo sobre la zona reparada. El color debe ser específico, y se obtiene a través de un código de color facilitado por el fabricante del automóvil.

Aplicaremos 3/4 manos de color sobre el parche hasta que quede completamente cubierto. Dejaremos unos 5 minutos de evaporación entre manos. Intentaremos difuminar el color para evitar diferencias de tonalidad con el resto del coche.

El último paso es la aplicación de laca o barniz.

Consiste en aplicar 2/4 manos de barniz sobre la pieza completa una vez se haya secado completamente la base de color, dejando unos 5/10 minutos de evaporación entre

ellas. El barniz proporciona protección y brillo a la base de color. Hemos de aplicar las manos suficientemente mojadas para obtener un acabado liso y brillante. Una vez seco el barniz (aproximadamente 2 horas), retiraremos el enmascarado. En caso de haya quedado algún defecto, se puede lijar con lija fina de P2000 y pulir.

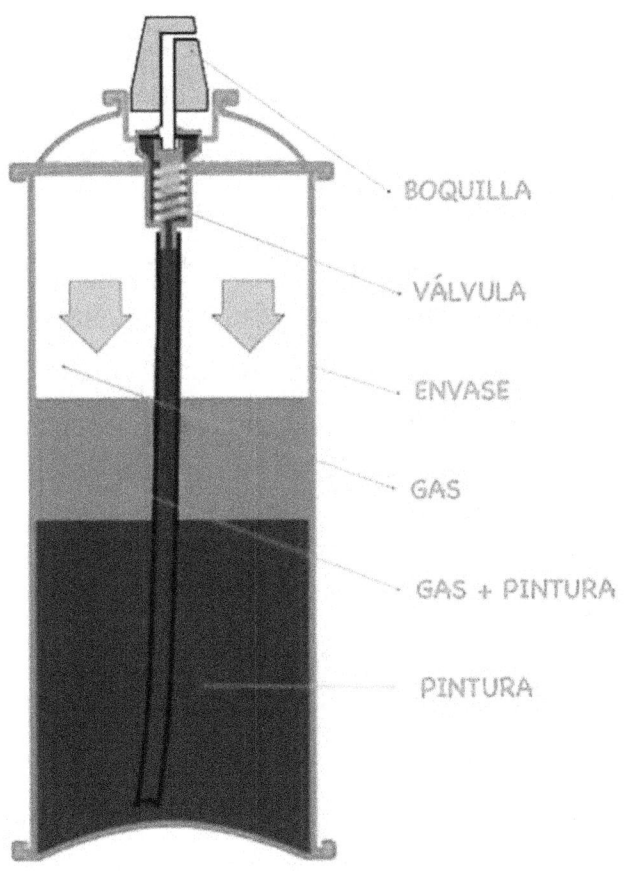

Partes de un aerosol

Seguridad e Higiene en el taller de Chapa y Pintura

En general, los talleres de reparación de vehículos y pintado de chapa son actividades industriales en las que se dispone de herramientas y maquinaria, de materias primas y productos a manipular, y en las que se utilizan métodos de trabajo que permiten el desarrollo de los distintos procesos y tareas que intervienen en la reparación de vehículos. Las herramientas y maquinaria utilizadas son comunes a las usadas en otras actividades industriales, no obstante, existen algunas herramientas mecánicas y maquinaria específica del sector, Destacan las plataformas elevadoras, la maquinaria de comprobación y verificación, la bancada de estirado de bastidores y las bancadas de útiles y mediciones entre otras. La maquinaria portátil (rebarbadoras, lijadoras, pulidores, etc.) es accionada eléctrica o neumáticamente.

En cuanto a las instalaciones destacan las cabinas de pinturas y las zonas de dosificación y mezcla de pintura.

Como materias primas para las tareas de chapa y pintura se emplean: plastes, pinturas, barnices y disolventes.

Legislación de referencia

A continuación, se presenta una relación de la normativa básica que ha sido considerada al hacer este estudio:

-Ley 31/1995 de 8 de noviembre de Prevención de Riesgos Laborales.

-Real Decreto 363/1995 de 10 de marzo. "Reglamento sobre la notificación de sustancias nuevas y clasificación, envasado y etiquetado de sustancias peligrosas".

-Real Decreto 374/2001, de 6 de abril, sobre la protección de la salud y seguridad de los trabajadores contra los riesgos relacionados con los agentes químicos durante el trabajo.

-Real Decreto 379/2001, "Reglamento de almacenamiento de productos químicos y sus instrucciones técnicas complementarias".

-Notas Técnicas de Prevención (NTP).

Riesgos en el trabajo

Los empleados deben ser conscientes los riesgos para la salud propios del trabajo en estaciones de servicio.

A continuación, se describen algunos de ellos:

-Monóxido de carbono. Los gases de escape de los motores de combustión interna contienen monóxido de carbono, un gas incoloro, inodoro y muy tóxico. El personal debe ser consciente de los peligros de la exposición a esta sustancia, sobre todo cuando los vehículos se encuentran en plataformas de reparación, garajes o instalaciones de lavado con el motor en marcha. Los gases de escape deben ser conducidos al exterior a través de mangueras flexibles y debe asegurarse la ventilación mediante un suministro adecuado de aire fresco. Los dispositivos y calentadores de fueloil deben ser comprobados para garantizar que el monóxido de carbono no penetra en lugares cerrados.

-Caídas al mismo nivel. Este tipo de riesgo constituye, aproximadamente el 10% del total de accidentes acaecidos en este sector. Las principales causas son: orden y limpieza, irregularidades en el suelo.

-Irregularidades y deficiencias en el suelo. Las irregularidades y deficiencias en el suelo como agujeros, canalizaciones, escalones, rejillas mal colocadas son causas de torceduras y caídas siendo necesaria su protección.

-Riesgos de dermatitis. Los trabajadores que manipulan y entran en contacto con productos derivados del petróleo como parte de su actividad deben conocer los riesgos de dermatitis y otras afecciones de la piel, así como las medidas de higiene y protección personal necesarias para controlar esta forma de exposición. En caso de contacto ocular con gasolina, lubricantes o anticongelantes, hay que lavarse los ojos con agua potable limpia y tibia y buscar asistencia médica.

-Lubricantes, aceites de motor usados y sustancias químicas de automoción. Los trabajadores que cambian el aceite y otros líquidos a los vehículos de motor, incluidos los anticongelantes, deben conocer los riesgos asociados y conocer el modo de reducir al mínimo la exposición a productos como la gasolina en el aceite de motor usado, el glicol en los anticongelantes y otros contaminantes en los líquidos de transmisión y lubricantes para engranajes, mediante la utilización de EPI y el recurso a buenas prácticas de higiene. En caso de descarga de una pistola de lubricación de aire comprimido contra el cuerpo de un trabajador, el área afectada debe examinarse de inmediato para comprobar si los productos petrolíferos han penetrado en la piel. Estas lesiones causan poco dolor o hemorragia, pero dan lugar a una separación casi instantánea de los tejidos dérmicos y, posiblemente, daños de mayor profundidad que deben ser objeto de atención médica inmediata. El médico encargado del caso debe ser informado de la causa y del producto implicado en la lesión.

-Soldadura. La soldadura suma al riesgo de incendio el de contacto con pigmentos de plomo al operar en el exterior de automóviles, así como con vapores metálicos y otros gases. Es necesario instalar dispositivos de ventilación por aspiración local o de protección respiratoria.

-Pintura por pulverización y productos de relleno para carrocerías. La pintura por pulverización puede dar lugar a la exposición a vapores de disolventes y partículas de pigmentos (p. ej., de cromato de plomo). Los productos de relleno para carrocerías suelen consistir en resinas epóxicas o de poliéster y pueden constituir un peligro para la piel y el aparato respiratorio. La pulverización de pintura debe efectuarse en cabinas en las que quepa el automóvil completo; los productos de relleno se aplican con extracción local de aire y protecciones para la piel y los ojos.

-Baterías de acumuladores. Las baterías contienen soluciones electrolíticas corrosivas de ácido sulfúrico, que pueden provocar quemaduras y otras lesiones en los ojos y la piel. La exposición a este tipo de compuestos debe reducirse al mínimo mediante la utilización de EPI, incluidos guantes de goma y protectores oculares. Los trabajadores deben lavarse los ojos o la piel con agua potable u otro líquido específico durante al menos 15 minutos si estos órganos entran en contacto con dichas soluciones, y buscar atención médica de inmediato. Además, deben lavarse las manos concienzudamente después de trabajar con baterías y evitar el contacto de éstas con la cara y los ojos. Han de ser conscientes de que la sobrecarga de una batería puede generar cantidades explosivas y tóxicas de gas hidrógeno.

Debido a los posibles efectos nocivos de la exposición al plomo, las baterías de acumuladores utilizadas deben eliminarse de forma adecuada o reciclarse de acuerdo con las normativas públicas y las políticas de las empresas.

-Amianto. Los trabajadores que comprueban y reparan frenos deben conocer el riesgo que conlleva el amianto y el modo de detectar si las zapatas contienen esta sustancia, y adoptar las medidas de protección oportunas para reducir la exposición y acumular los residuos para su correcta evacuación.

Encapsulamiento portátil para la prevención de la exposición al polvo de amianto procedente de tambores de freno.

Como complemento a lo anteriormente descrito se detallan los riesgos y procedimientos de trabajo seguro para algunas de las posibles actividades en un taller mecánico

-Niveles de líquidos y refrigerantes.

Antes de empezar a trabajar bajo el capó de un vehículo hay que cerciorarse de que se mantiene abierto comprobando el mecanismo tensor o sujetándolo con una barra.

También hay que tomar precauciones al comprobar los niveles para evitar quemaduras por contacto con el colector de escape o el contacto accidental de la varilla de medición con terminales o cables eléctricos; asimismo, es necesario tener cuidado al verificar el nivel del aceite de la caja de cambios, ya que el motor debe estar en marcha. También es preciso atenerse a los procedimientos de trabajo seguros al abrir radiadores, dejando que se enfríen los que se encuentran presurizados, sujetando el tapón con un trapo grueso, utilizando EPI y girando la cara para evitar la inhalación de los humos o vapores que se liberen.

-Anticongelante y líquido lavaparabrisas.

Los trabajadores encargados de prestar servicio a los vehículos deben ser conscientes de los riesgos asociados a los anticongelantes de glicol y alcohol y a los líquidos concentrados empleados en el circuito del lavaparabrisas, así como del modo seguro de manipularlos. Se incluyen aquí precauciones como el almacenamiento de productos derivados del alcohol en bidones cerrados herméticamente o contenedores embalados, en salas o armarios aislados y alejados de los equipos de calefacción y la utilización de recipientes que eviten la contaminación de desagües y terrenos en caso de derrame o fuga de anticongelante de glicol. Los líquidos anticongelantes o lavaparabrisas se vierten desde un bidón en posición vertical con ayuda de una bomba de mano bien conectada y provista de un mecanismo antigoteo;

nunca se utilizarán espitas o válvulas que obliguen a colocar el bidón horizontal, pues esto aumenta el riesgo de fugas, roturas y golpes. No debe utilizarse aire a presión para bombear anticongelante o lavaparabrisas concentrados. Los recipientes vacíos de estos productos deben vaciarse completamente antes de eliminarlos, y seguirse las normas gubernamentales aplicables a la eliminación de soluciones anticongelantes de glicol.

-Lubricación.

Los talleres mecánicos deben asegurarse de que sus trabajadores conozcan las características y los usos de los diversos combustibles, aceites, lubricantes, grasas, líquidos de automoción y sustancias químicas presentes en sus instalaciones, así como su correcta selección y aplicación. Deben utilizarse las herramientas adecuadas para desmontar los tapones de vaciado, los indicadores de nivel y los filtros de aceite del cárter, la caja de cambios y el diferencial, de forma que no se dañen los vehículos ni los equipos. Sólo deben utilizar llaves de tubo, alargadores y cortafríos los trabajadores que sepan abrir con seguridad tapones congelados u oxidados. Debido a los posibles riesgos, los dispositivos de lubricación de alta presión sólo se pondrán en marcha cuando las boquillas se hayan fijado firmemente a las tomas de aceite. Si es necesario efectuar una prueba antes del empleo real, la boquilla debe dirigirse a un bidón vacío o un recipiente similar y no a un trapo sostenido con la mano.

-Operaciones de izado.

Quienes trabajan dentro y en torno a las áreas de mantenimiento de vehículos deben conocer las situaciones poco seguras y atenerse a las buenas prácticas de trabajo, como evitar colocarse delante de los automóviles cuando éstos son conducidos a zonas de reparación, fosos de lubricación o plataformas elevadoras.

Los vehículos deben alinearse correctamente en los elevadores de dos pistas, de rueda libre o de bastidor, dado que cualquier desalineado puede provocar una caída.

Antes de poner en funcionamiento el elevador, hay que asegurarse que no hay nadie dentro del vehículo y que no hay ningún obstáculo sobre él.

Una vez colocado el vehículo, debe aplicarse el dispositivo de parada de emergencia para evitar que el elevador caiga en caso de una bajada de presión.

Si el elevador se sitúa de modo que el dispositivo mencionado no puede emplearse, se colocarán bajo el mismo o bajo el vehículo calzos o soportes de seguridad.

Los elevadores hidráulicos deben equiparse con una válvula de control que impida el funcionamiento en caso de descenso del nivel de aceite en el depósito de suministro, al poderse producirse caídas accidentales en tal situación.

Cuando la lubricación de los cojinetes de las ruedas, la reparación de los frenos, el cambio de neumáticos y otros servicios se prestan en elevadores de rueda libre o de bastidor, los vehículos deben elevarse ligeramente sobre el suelo para que los trabajadores desarrollen su actividad en cuclillas y se reduzca así la posibilidad de lesiones en la espalda. Tras la elevación del vehículo, las ruedas deben bloquearse para impedir su giro, y deben colocarse soportes de seguridad para garantizar la posición en caso de avería del gato o del mecanismo de izado. Al desmontar las ruedas de vehículos en elevadores a los que se sube conduciendo, los vehículos deben bloquearse para impedir su desplazamiento. Si se utilizan gatos o soportes para izar y mantener los vehículos en posición elevada, estos instrumentos deben tener la capacidad adecuada, situarse en los lugares correctos y ser comprobados para verificar su estabilidad.

-Mantenimiento y reparación de neumáticos.

Los trabajadores deben aprender a comprobar presiones e hinchar neumáticos en condiciones de seguridad; hay que inspeccionar el desgaste de la banda de rodadura, no sobrepasar la presión máxima y permanecer de pie o de rodillas, a un lado del neumático y con la cara vuelta mientras se infla. Hay que ser consciente del riesgo y seguir métodos de trabajo seguros al reparar ruedas de camión y remolque con llanta de una o varias piezas o con pestañas de retención. Al reparar los neumáticos con compuestos o líquidos inflamables o tóxicos de pegar parches, hay que adoptar precauciones como evitar fuentes de ignición, usar EPI y contar con ventilación adecuada.

-Aire comprimido.

Los talleres mecánicos deben establecer prácticas de trabajo seguras con compresores neumáticos y equipos de aire comprimido. Las mangueras deben emplearse sólo para inflar neumáticos y para servicios auxiliares, de lubricación, y de mantenimiento. Los trabajadores deben ser conscientes del riesgo de someter a presión depósitos de combustible, bocinas neumáticas, depósitos de agua y otros recipientes no diseñados para contener aire comprimido. Este no debe utilizarse para limpiar frenos, pues en muchos casos, sobre todo en modelos antiguos, los forros contienen amianto. Deben emplearse métodos más seguros como la limpieza por aspiración o la aplicación de soluciones líquidas.

-Mantenimiento y manipulación de baterías de acumuladores.

Los talleres mecánicos deben establecer procedimientos para garantizar que al almacenar, manipular y eliminar las baterías y los electrolitos que contienen se cumplen las normativas públicas y las políticas de las empresas. Los trabajadores deben ser conscientes del riesgo de cortocircuito eléctrico al cargar, sacar, instalar o manipular baterías; hay que desconectar el cable de masa (negativo) antes de sacar la batería y dejar para el final la conexión de ese cable al instalarla. Al sacar y sustituir baterías, hay que utilizar un dispositivo de transporte para facilitar su manipulación y evitar el contacto con la misma.

Para manipular las soluciones de las baterías, los trabajadores deben conocer las prácticas de seguridad siguientes:

Los recipientes con soluciones electrolíticas deben almacenarse a una temperatura comprendida entre 16 y 32 °C, en áreas seguras donde no puedan volcarse. Los vertidos de estas soluciones sobre las baterías o en el área de llenado se eliminan con agua. Puede utilizarse bicarbonato sódico para neutralizar la acidez de estos líquidos.

Para llenarlas de electrolito, las baterías nuevas se colocan en el suelo o en un banco de trabajo y se cierran con sus tapones antes de montarlas; nunca deben rellenarse estas baterías sin desmontarlas del vehículo.

Pueden utilizarse mascarillas faciales, gafas, delantales y guantes de protección química para evitar la exposición a los líquidos de batería. Además, éstos deben manipularse siempre en lugares provistos de una fuente de agua potable u otro líquido para el lavado ocular en caso de vertido o contacto con la piel o los ojos. Estos órganos no deben tratarse con líquidos neutralizadores.

Al mantener baterías, hay que cepillar, lavar con agua limpia o neutralizar con bicarbonato sódico o similar las partículas corrosivas acumuladas en los bornes; es preciso evitar su contacto con los ojos o la ropa.

Los trabajadores deben comprobar el nivel de líquido en la batería antes de cargarla y vigilar la temperatura durante la carga para que no aumente en exceso. Una vez terminada la carga, se desconecta el cargador antes que los cables, para evitar chispas que puedan provocar la inflamación del hidrógeno que se genera durante la carga. Al montar baterías de carga rápida, hay que desconectar el cable de masa (negativo) antes de conectar el equipo de carga. Hay que desmontar la batería si está en el compartimiento de pasajeros o bajo el suelo del vehículo.

Los trabajadores deben conocer los riesgos y los procedimientos seguros para arrancar vehículos con la batería descargada conectando ésta a otra, tanto para evitar averías en el circuito eléctrico como lesiones por explosión de la batería si los cables de conexión se instalan mal. Jamás deben conectarse a otra batería ni cargarse las baterías congeladas.

-Manipulación y evacuación de residuos.

Los residuos de lubricantes y sustancias químicas de automoción, el aceite para motor y los disolventes usados, la gasolina y el gasóleo derramados y las soluciones anticongelantes de glicol deben verterse en depósitos y contenedores autorizados y debidamente etiquetados y almacenarse hasta su eliminación o su reciclaje de acuerdo con las normativas públicas y las políticas de las empresas. Puesto que los motores con cilindros desgastados u otros defectos favorecen la entrada de pequeñas cantidades de gasolina en el cárter, hay que adoptar precauciones para evitar que los vapores liberados en los depósitos y contenedores en los que se almacenan los aceites usados entren en contacto con fuentes de ignición.

Antes de evacuar los filtros de aceite y de líquidos de transmisión usados debe drenarse su contenido. Estos dispositivos, retirados de vehículos o de surtidores de combustible, deben drenarse en recipientes autorizados y almacenarse en lugares adecuadamente ventilados y alejados de fuentes de ignición, hasta que se hayan secado para su eliminación.

Los recipientes de electrolitos de batería usados deben enjuagarse exhaustivamente con agua antes de eliminarlos o reciclarlos. Las baterías usadas contienen plomo y deben someterse a las operaciones de eliminación o reciclaje oportunas. La limpieza de grandes vertidos exige formación especial y utilización de EPI.

El combustible recuperado puede devolverse a la planta de producción o almacenamiento de la que procede o eliminarse de otro modo de conformidad con las normativas públicas y las políticas de las empresas.

Los lubricantes, el aceite usado, las grasas, los anticongelantes, el combustible derramado y otros materiales no deben ser barridos, fregados o vertidos en desagües, sumideros, retretes, alcantarillas, colectores u otras redes de drenaje, ni tampoco deben arrojarse a la calle.

La grasa y el aceite acumulados deben retirarse de los desagües y sumideros para evitar que estas materias alcancen las alcantarillas.

El polvo de amianto y los forros de los frenos usados de este material deben manipularse y evacuarse con arreglo a las normativas públicas y las políticas de las empresas.

El personal debe ser consciente de la repercusión de estos residuos en el medio ambiente, la salud y la seguridad, así como del riesgo de incendio que suponen.

-Medidas preventivas.

Mantener el orden y la limpieza. En un taller mecánico es de vital importancia cumplir con estos dos requisitos, puesto que la mayoría de los accidentes que se producen en este sector tienen relación con ellos. El establecimiento de un sistema correcto de orden y limpieza se basa en: métodos seguros de almacenamiento; señalización de los pasillos; orden de las herramientas; retirada sistemática de los desechos, residuos y desperdicios; y limpieza de suelos.

Medidas preventivas genéricas

Utilizar cajas portaherramientas para transportar las herramientas y, cuando éstas no se usen, colocarlas en paneles o bancos establecidos para tal fin. Igualmente, se deben usar carritos móviles para depositar las herramientas cuando se esté trabajando, evitando de este modo que queden en lugares molestos o peligrosos. El orden y el buen estado de conservación de las herramientas contribuyen a evitar el riesgo de golpes o heridas.

Disponer en los talleres de recipientes incombustibles, de cierre automático y hermético, para depositar en ellos todos los desperdicios inflamables, así como los trapos impregnados de aceite o grasa.

Aplicar las normas de conservación indicadas por el fabricante en todas las herramientas, en las máquinas y en los equipos de protección personal. Es necesario establecer un sistema periódico de revisión.

Colocar barandillas alrededor del foso de reparaciones, de una altura no inferior a 0,90mmetros y cubrirlo cuando no se use, para impedir las caídas. Limpiar y recoger los aceites, grasas, líquidos de frenos etc. de su interior para evitar los resbalones durante el trabajo.

Instalar seguros de protección (bloqueo automático, fines de carrera, paradas de emergencia, etc.) en las grúas, los gatos o las plataformas elevadoras; estos mecanismos garantizan la parada inmediata del sistema de elevación, en el caso de que una avería provoque su descenso brusco. Igualmente, hay que comprobar la estabilidad de los gatos y demás soportes móviles antes de iniciar los trabajos de reparación y establecer la prohibición (avisos, señales, etc.) de situarse debajo de las cargas que estén suspendidas.

Poner puesta a tierra en toda la instalación eléctrica, utilizar tensión de seguridad en las lámparas portátiles y emplear enrolladores con enchufes múltiples.

Mantener un buen sistema de ventilación en todo el local para facilitar la eliminación de los gases nocivos (disolventes de las pinturas, gasolina, etc.). Hay que mantener tapados todos los recipientes que contengan sustancias tóxicas y establecer zonas especiales para los trabajos de pintura, que tengan extracción localizada. Del mismo modo, se debe controlar la contaminación producida por los motores en prueba dentro del taller y usar aspiradores localizados que se introducen en el interior de los tubos de escape. Estas medidas ayudan a prevenir tanto los riesgos higiénicos como el peligro de incendio.

Usar los equipos de protección individual (EPI) adecuados para cada trabajo y que, al igual que las máquinas, tengan el marcado CE: guantes para evitar el contacto con las grasas, detergentes, ácidos, disolventes o pinturas; protección auditiva contra ruidos; gafas o pantallas faciales contra proyección de partículas; manguitos, mandil y polainas para labores de soldaduras y mascarilla para preservarse de la exposición a contaminantes químicos. Organizar el trabajo evitando prolongar en exceso la jornada laboral habitual y planificar las tareas teniendo en cuenta que hay que destinar una parte del tiempo para imprevistos. De este modo, se ayuda a prevenir situaciones de cansancio físico y psíquico que pueden originar un accidente. Organizar la distribución de los elementos del puesto de trabajo para evitar situaciones de riesgos por falta de espacio no por la ubicación de los útiles de trabajo en zonas de tránsito. Instruir convenientemente a todas las personas que trabajan en un taller de reparación de vehículos de todos y cada uno de los cometidos y situaciones de riesgo ante los que se puedan encontrar.

Equipos de protección individual

Los trabajadores están expuestos a lesiones por contacto con combustibles, disolventes o sustancias químicas de automoción, o por quemaduras provocadas por estas últimas y debidas al contacto con ácidos de las baterías o soluciones cáusticas.

El personal ser consciente de la necesidad de utilizar EPI como los siguientes: Calzado de trabajo con suela antideslizante y protegido en la puntera. Gafas de seguridad y protectores respiratorios para prevenir la exposición a sustancias químicas, polvo o humos al pintar o trabajar con baterías y radiadores. Se emplearán gafas industriales de seguridad o máscaras faciales con gafas cuando haya posibilidad de exposición a materiales de impacto, como ocurre al trabajar con pulverizadores o muelas o ruedas de alambres para pulir, reparar o montar neumáticos o substituir sistemas de escape. Hay que utilizar máscaras con filtros adecuados al cortar o soldar con el fin de evitar quemaduras por radiación térmica y lesiones provocadas por partículas. Deben utilizarse guantes, delantales, calzado, máscaras faciales y gafas inatacables al manipular sustancias químicas y disolventes, ácidos de batería y soluciones cáusticas, y al limpiar derrames químicos o de combustible. Se emplearán guantes de trabajo de cuero al manejar objetos cortantes como vidrios rotos, piezas de los vehículos o llantas y al vaciar cubos de basura. Puede ser necesario protegerse la cabeza al trabajar debajo de vehículos en fosos, al cambiar indicadores o luces elevadas o en otras zonas donde haya riesgo de sufrir lesiones en esa parte del cuerpo. El personal que trabaje con vehículos no debe llevar anillos, relojes de pulsera, pulseras o cadenas largas, dado que estos objetos pueden entrar en contacto con los componentes móviles o el sistema eléctrico de los vehículos y causar lesiones.

Para prevenir los incendios, la dermatitis y las quemaduras químicas de la piel, las ropas manchadas de gasolina, anticongelante o aceite deben retirarse de inmediato a una zona o una sala con ventilación adecuada en la que no haya fuentes de ignición como calentadores eléctricos, motores, cigarrillos, encendedores o secadores de manos eléctricos.

Las áreas de la piel afectadas deben lavarse concienzudamente con jabón y agua caliente para eliminar todo rastro de contaminación.

Antes de lavarlas, las prendas deben secarse al aire en el exterior o en zonas bien ventiladas lejos de las fuentes de ignición, con el fin de reducir al mínimo la contaminación de las redes de aguas residuales.

Señalizaciones

Color	Significado	Indicaciones y precisiones
Rojo	Señal de prohibición Peligro y alarma Material y equipos de lucha contra incendios	Comportamientos peligrosos Alto, parada, dispositivos de desconexión de emergencia y evacuación Identificación y localización
Amarillo o amarillo anaranjado	Señal de advertencia	Atención, precaución, verificación
Azul	Señal de obligación	Comportamiento o acción específica Obligación de utilizar un equipo de protección individual
Verde	Señal de salvamento o de auxilio Situación de seguridad	Puertas, salidas, pasajes, material, puestos de salvamento o de socorro, locales Vuelta a la normalidad

SEÑALES DE PROHIBICIÓN

Prohibido fumar | Prohibido encender fuego | Prohibido el paso | Prohibido a los vehículos de manutención | Entrada prohibida a personas no autorizadas | Prohibido apagar con agua

SEÑALES DE OBLIGACIÓN

Protección obligatoria de la vista | Protección obligatoria de los oídos | Protección obligatoria de las vías respiratorias | Protección obligatoria de los pies | Protección obligatoria de las manos | Protección obligatoria de la cara

SEÑALES DE ADVERTENCIA

Campo magnético | Radiaciones no ionizantes | Baja temperatura | Riesgo de tropezar | Caída a distinto nivel | Riesgo eléctrico

SEÑALES RELATIVAS A LOS EQUIPOS DE LUCHA CONTRA INCENDIOS

Extintor | Extintor portátil | Manguera de incendios | Teléfono de incendios | Escalera de mano | Dirección que debe seguirse

SEÑALES DE SALVAMENTO O SOCORRO

Vía de salida de socorro | Ducha de seguridad | Lavado de ojos | Salida de socorro | Primeros auxilios | Teléfono de salvamento | Camilla

Tipos de extintores	
Tipo A	Madera, papel, telas, algodón, etc.
Tipo B	Gasolina, pinturas, disolventes, etc.
Tipo C	Equipos eléctricos conectados.
Tipo D	Metales, sodio, magnesio, etc.

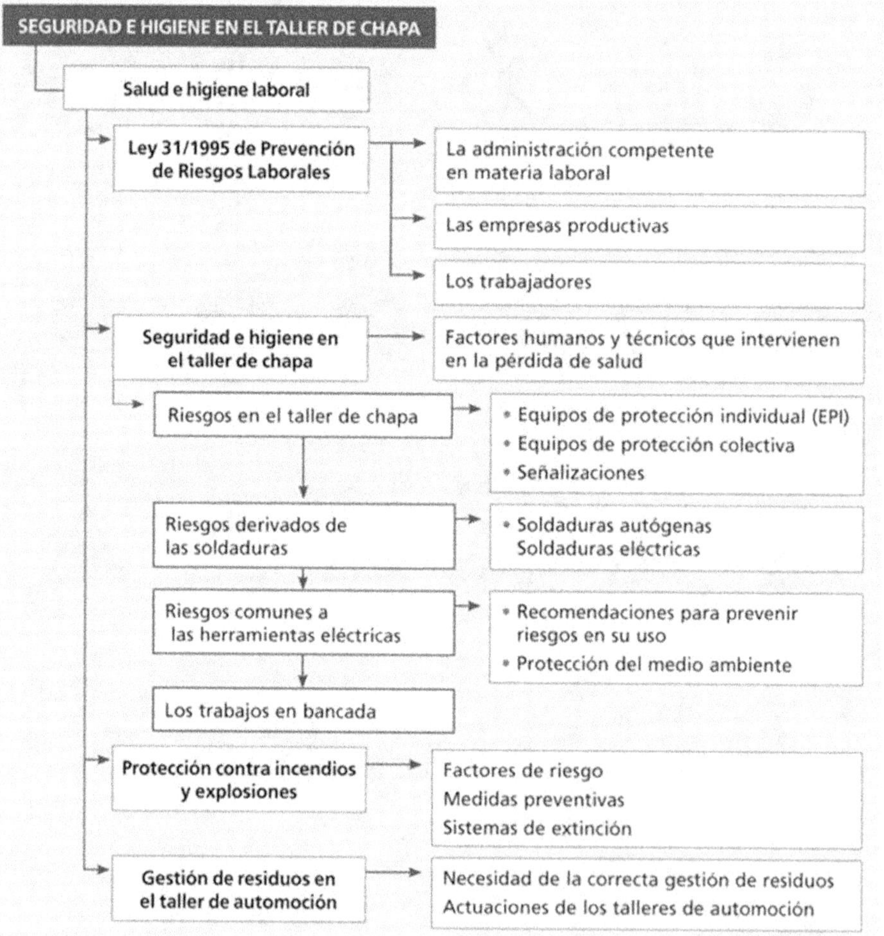

SEGURIDAD E HIGIENE EN EL TALLER DE CHAPA

Salud e higiene laboral

Ley 31/1995 de Prevención de Riesgos Laborales
→ La administración competente en materia laboral
→ Las empresas productivas
→ Los trabajadores

Seguridad e higiene en el taller de chapa
→ Factores humanos y técnicos que intervienen en la pérdida de salud

Riesgos en el taller de chapa
→ • Equipos de protección individual (EPI)
• Equipos de protección colectiva
• Señalizaciones

Riesgos derivados de las soldaduras
→ • Soldaduras autógenas
Soldaduras eléctricas

Riesgos comunes a las herramientas eléctricas
→ • Recomendaciones para prevenir riesgos en su uso
• Protección del medio ambiente

Los trabajos en bancada

Protección contra incendios y explosiones
→ Factores de riesgo
Medidas preventivas
Sistemas de extinción

Gestión de residuos en el taller de automoción
→ Necesidad de la correcta gestión de residuos
Actuaciones de los talleres de automoción

Ejercicio 1

Indicar las partes de la carrocería del siguiente dibujo. Realizar el siguiente dibujo en una hoja aparte, tratando de que sea lo más parecido posible.

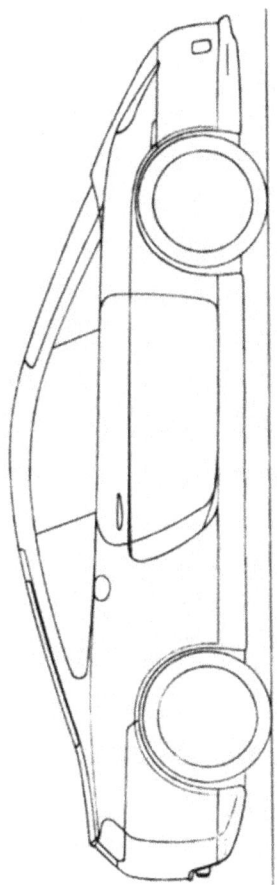

Ejercicio 2

Cuestionario

Responder los cuestionarios, sea buscando en el libro o investigando en otras fuentes.

1. En función de los niveles de equipamiento, las puertas incorporan una serie de elementos agrupados en conjuntos según la misión que desempeñan, enumerar y explicar.

2. Explicar los diferentes tipos de accionadores del mecanismo elevalunas.

3. Cuáles son las ventajas de usar materiales plásticos en la construcción de paragolpes en vez de acero.

4. Localización de filtraciones de agua.

5. Diferencias entre techo abrible, techo replegable y techo escamoteable.

6. Tipos de asientos según su estructura y su nivel de confort.

7. Describe los ajustes de posicionamiento de un asiento delantero.

8. Cinturones de seguridad.

9. Procedimiento de desmontaje y montaje de molduras pegadas y molduras grapadas.

10. Elementos de personalización y su influencia en el comportamiento aerodinámico del coche.

11. Revestimiento del techo, funciones y tipos.

12. Explica las funciones eléctricas que puede incorporar un espejo retrovisor exterior.

13. Nombra los elementos que forman una puerta y explica la misión de todos ellos.

14. Elementos y funcionamiento de un cierre centralizado por vacío.

15. Descripción y composición de los sistemas de iluminación trasera de un automóvil.

Ejercicio 3

Cuestionario

1. Explica que son las Joint Venture e indica al menos dos proyectos de este tipo.

2. ¿Qué son los denominados concept car? ¿Cuál es su utilidad?

3. ¿En qué consiste el procedimiento de aprovisionamiento de los fabricantes de vehículos, denominados Just in time?

4. ¿Que son las denominadas prensas tipo transfer?

5. ¿En qué consiste el procedimiento de fabricación de piezas de la carrocería denominado "Tailored Blank"?

6. ¿En qué consiste el método de diseño basado en los "elementos finitos"?

7. Indica que factores suelen tenerse en cuenta para el cálculo de las dimensiones exteriores de un vehículo.

8. ¿Qué es el pliego de condiciones técnicas elaborado por los fabricantes y a quien va dirigido?

9. Indica las fases en las que se desarrolla un proyecto de creación de un vehículo nuevo.

10. ¿Qué características debe reunir un buen diseño?

11. Indica cuáles son los principales métodos de unión de las diferentes piezas que constituyen la estructura de una carrocería.

12. Explica en consiste la fase llamada "dar volumen al dibujo".

13. ¿Qué características de una carrocería en cuanto a definición conceptual se refiere se pueden establecer para las tres grandes áreas de población mundial?

14. ¿Qué ventajas aporta la hidroconformación?

15. ¿Los vehículos de un mismo constructor guardan algún tipo de similitud estética? ¿Y con los de otros constructores?

Ejercicio 4

Cuestionario

1. Tipos de pistolas según su proyección y atomización. Explicar.

2. Tipos de pistolas según la posición del depósito. Explicar.

3. Tipos de pistolas según su tamaño. Explicar.

4. Tipos de pistolas según su presión de trabajo. Explicar.

5. Pico de fluido y aguja. Explicar.

6. Regulador de abanico. Explicar.

7. Regulador del caudal del fluido. Explicar.

8. Enumerar las características principales de una pistola.

9. Pistolas HVLP.

10.Normas y equipos de seguridad laboral para el uso de pistolas.

11.Depósitos desechables para las pistolas. Componentes, uso, ventajas y desventajas.

12.Importancia de la presión del aire utilizado en las pistolas. Sistemas de control.

13.Limpieza de las pistolas de pintado.

14.Maletín de aerografía.

Ejercicio 5

Prácticas

1. Sustituir Faro Derecho y soporte portafaros.

2. Sustituir Cilindro, soporte y embellecedor del lavafaros Derecho.

3. Pintar el embellecedor del lavafaros en color carrocería, suministro imprimado.

4. Reparar aleta delantera derecha en hora y media, desmontando la aleta y la concha del pase de rueda; pintarla, el daño afecta al 18% de la pieza.

5. Desmontar paragolpes delantero. Repararlo en 10 UT y pintarlo, la zona dañada no supera el tamaño del folio y el acabado es color carrocería y pintado completo.

6. Sustituir la punta de la chapa de cierre del pase de rueda delantero derecho.

7. Reparar zona inferior de puerta delantera derecha en dos horas de trabajo.

8. Pintar, el daño afecta a un 35% de la superficie.

9. Para facilitar el acceso se requiere el desmontaje del revestimiento de la puerta.

10. Desmontar el paragolpes delantero, rejilla con embellecedor, antiniebla y deflectores. Pintar el paragolpes. Tiene una superficie deformada de 6 dm.

11. Sustituir placa matrícula con un importe de 12€.

12. Sustituir capó delantero y faro derecho.

13. Reparar aleta delantera izquierda en 1 hora. Pintar desmontando todo lo necesario, tiene un daño de 3 dm y un arañazo de 2 dm.

14. Reparar parte delantera del pase rueda derecho en 1 hora. Pintar, tiene un daño de 3 dm

15. Sustituir radiador de refrigeración y Condensador de aire acondicionado.

16. Fluido aire acondicionado 35€; añadir tasa de reciclado de Aire Acondicionado se cargan, 0´8 Kg.

Ejercicio 6

Prácticas

1. Reemplazar Fluido anticongelante 18€.

2. Sustituir juego grapas, por un importe de 16€. Sustituir rejilla frontal y pintarla.

3. Sustituir emblema Mercedes, rejilla y junta.

4. Sustituir recubrimiento de piloto delantero izquierdo y pintarlo.

5. Sustituir paragolpes izquierdo y pintarlo.

6. Reparar soporte paragolpes izquierdo en media hora.

7. Sustituir escalón inferior izquierdo y reparar el estribo izquierdo en 1 hora, pintarlo.

8. Sustituir faro antiniebla.

9. Sustituir protector de radiador, radiador e intercooler.

10. Poner anticongelante con valor de 50€.

11. Sustituir paragolpes trasero completo, utilizar los juegos de sujeción, los laterales se sirven sin imprimar, el acabado es liso pintado completo.

12. Sustituir soporte o absorvedor central del paragolpes.

13. Sustituir Deflector del paragolpes Trasero.

14. Sustituir el refuerzo del Paragolpes y Reparar faldón trasero en media hora. Pintar con daño leve.

15. Sustituir el portón y la luneta trasera, utilizar juego de sujeción de portón y revestimiento de portón.

16. Sustituir placa matrícula con un importe de 12€.

17. Sustituir pilotos tras. derechos exterior e interior y reparar aleta trasera derecha en 2 horas. Pintar con daño medio.

18. Sustituir la punta y la zona parcial del larguero trasero derecho.

Ejercicio 7

Prácticas

1. Reparar piso maletero en 1 hora. Pintarlo con daño medio.

2. Poner vehículo en bancada y alinear vehículo.

3. Realizar el mantenimiento de los 60.000 Kilómetros con 2 años y poner tasa de reciclado de aceites.

4. Utilizar uno de los recambios inpart en todos los casos que sea posible.

5. Sustituir mando del acelerador.

6. Sustituir palanca de freno e intermitente trasero der.

7. Sustituir los dos tubos de la horquilla

8. Sustituir la llanta delantera y los guardabarros delanteros. Pintar.

9. Reparar el revestimiento lateral derecho en media hora, pintarlo y sustituir los adhesivos.

Ejercicio 8

Cuestionario

1. Explicar diferencia entre corrosión y oxidación.

2. Enumera los factores que influyen en la corrosión.

3. ¿Todos los metales se oxidan a la misma velocidad? ¿Por qué?

4. ¿Por qué se emplean diferentes materiales en una misma carrocería?

5. Explica las razones por la que se recubren con cinc las planchas de aceros empleadas en carrocería.

6. ¿A qué se denomina fenómeno de auto-pasivación?

7. Explica el proceso de monocincado ayudándote con esquemas.

8. ¿Qué es el factor Evans?

9. ¿Qué es el galvanizado en continuo?

10. Detalla qué es un revestimiento tipo Dúplex.

11. ¿Para qué sirve la 1ra. limpieza de la carrocería?

12. ¿Qué es el fosfatado de la carrocería?

13. ¿Cómo se realiza la cataforesis?

14. ¿Qué son las ceras de cavidades?

15. ¿Qué es la corrosión cosmética?

16. ¿Qué es la corrosión perforante?

17. Menciona al menos cuatro EPI para uso en Chapa y pintura.

18. Menciona al menos cuatro riesgos laborales en un taller de chapa y pintura.

19. Dibuja al menos unas seis señales de riesgos laborales o indicativas de prevención.

20. Indica las partes principales de una pistola aerográficas, indica su funcionamiento en general.

Ejercicio 9

Práctica

Marca sobre el dibujo la situación del código de color, así como los daños que se observan (imaginarios) en el vehículo.

Realiza una descripción de la práctica realizada indicando el orden de las operaciones, añadiendo a la ficha un mínimo de 6 fotografías (Buscar en la web).

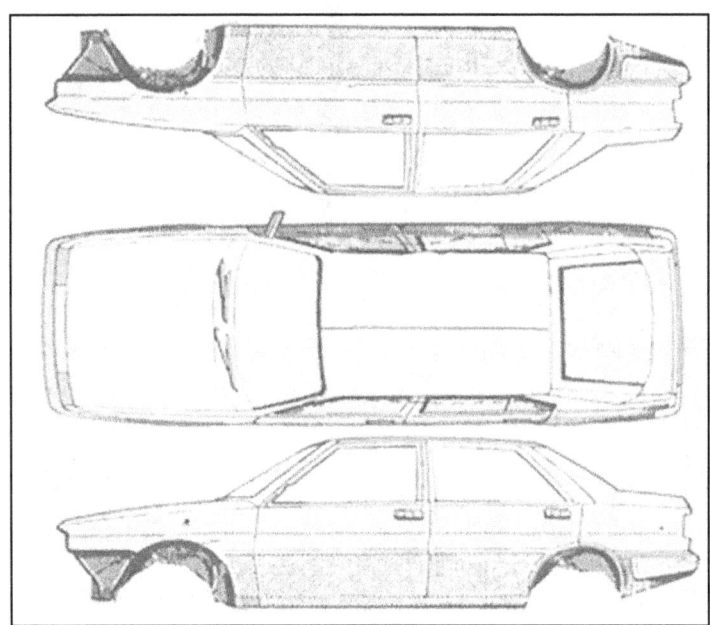

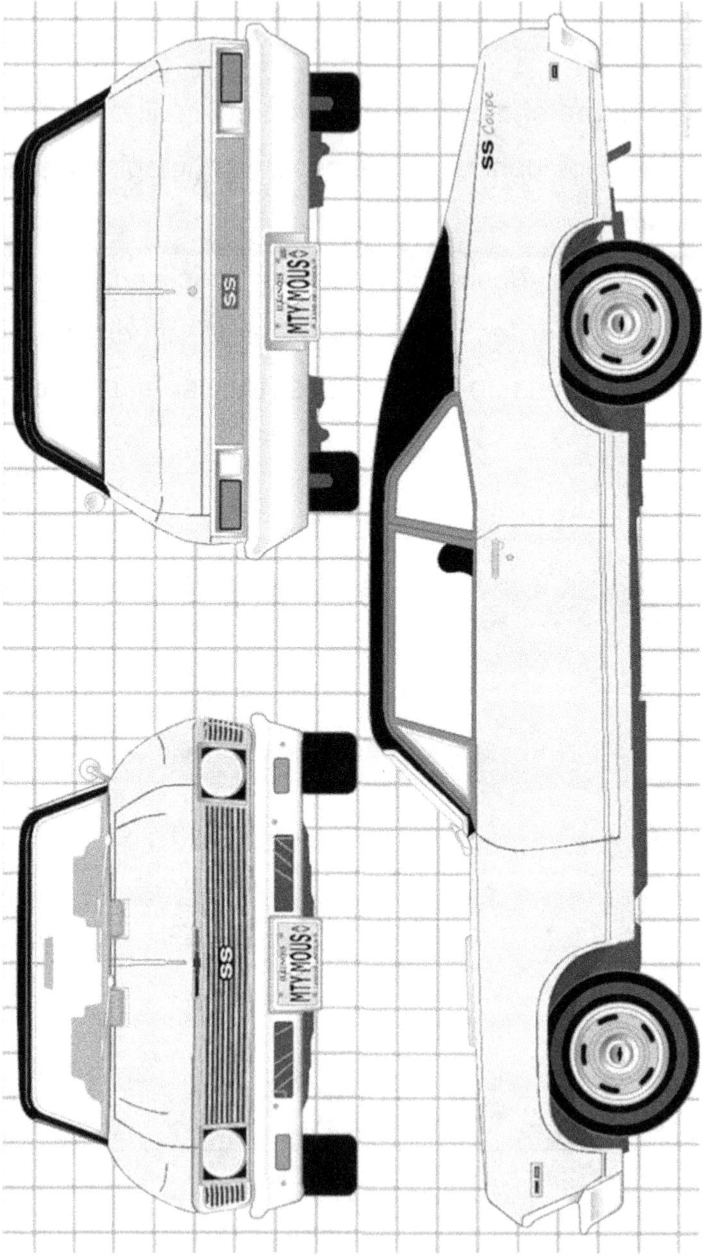
SS
MTY MOUS
SS
MTY MOUS
SS Coupe

Manual de
Chapa y Pintura
Fundamentos, técnicas, ejercicios y prácticas

Ing. Miguel D'Addario

Primera edición

Comunidad europea

2019

www.ingramcontent.com/pod-product-compliance
Lightning Source LLC
Chambersburg PA
CBHW060842170526
45158CB00001B/217